# 一看就懂：西餐料理经典60款

艺德前程国际职业学校 编著

编写人员

**主　编：**赵　洋

**编　委：**郑转玲　王龙辉　张宪阳
江海燕　李　扬　韩　伟

海峡出版发行集团 | 福建科学技术出版社
THE STRAITS PUBLISHING & DISTRIBUTING GROUP | FUJIAN SCIENCE & TECHNOLOGY PUBLISHING HOUSE

**图书在版编目(CIP)数据**

一看就懂：西餐料理经典60款 / 艺德前程国际职业学校编著. —福州：福建科学技术出版社，2019.5
ISBN 978-7-5335-5784-3

Ⅰ. ①一… Ⅱ. ①艺… Ⅲ. ①西式菜肴－菜谱 Ⅳ. ①TS972.188

中国版本图书馆CIP数据核字（2018）第299603号

| | |
|---|---|
| **书　　名** | **一看就懂：西餐料理经典60款** |
| **编　　著** | 艺德前程国际职业学校 |
| **出版发行** | 福建科学技术出版社 |
| **社　　址** | 福州市东水路76号（邮编350001） |
| **网　　址** | www.fjstp.com |
| **经　　销** | 福建新华发行（集团）有限责任公司 |
| **印　　刷** | 福建彩色印刷有限公司 |
| **开　　本** | 787毫米×1092毫米　1/16 |
| **印　　张** | 9 |
| **图　　文** | 144码 |
| **版　　次** | 2019年5月第1版 |
| **印　　次** | 2019年5月第1次印刷 |
| **书　　号** | ISBN 978-7-5335-5784-3 |
| **定　　价** | 39.80元 |

书中如有印装质量问题，可直接向本社调换

# 序言

饮食，是一种精神传承和物质传承的大文化。民以食为天，烹饪的发展，让人类脱离茹毛饮血的蒙昧时代，逐步走向文明，它的意义不言而喻。

在中国，大多数人其实对于西式烹饪还接触不多。过去，由于条件有限，国人对西餐文化了解较少。现在，随着经济和科技发展，各国饮食文化的碰撞越来越密集，我们可以了解和购买到琳琅满目的西餐食材、器具。

如果有人问：我们为什么要学习西式烹饪，难道中餐的不好吗？那么我想说，其实，食材是没有国界的，并没有哪个好哪个差的说法。餐饮界近来常看到一个单词fusion，意思就是“融合”，“融合菜”是未来趋势。要想融合创新，就要先了解西餐知识。西式烹饪的特点是所有菜肴的出品都以健康、安全、营养、美味为基准。我们可以取其长处，让我们的饮食变得更好。

本书包含众多西式菜品的制作过程，帮助大家对西餐（还包含部分日、韩、东南亚餐）的做法有较全面的了解。

本书原料表和制作过程经过了极精心的编排，阅读、学做的方便程度远远超过通过手机来观看菜谱，也超过我们已知的现有图书。

本书出版经过严格讨论，精益求精。但不足之处在所难免，欢迎大家提出不同的意见。

**作　者**

# 本书的使用说明

本书中的原料表，严格按照各原料在做法中出现的顺序来列明，因此它也是一份简明的制作流程清单，其中还使用一些符号来帮助读者理解制程。示例说明如下。

# CATALOG
# 目录

## 第 1 章 西餐常识



## 第 2 章 西餐烹调基础

## 第 3 章 欧美亚名菜 60 款

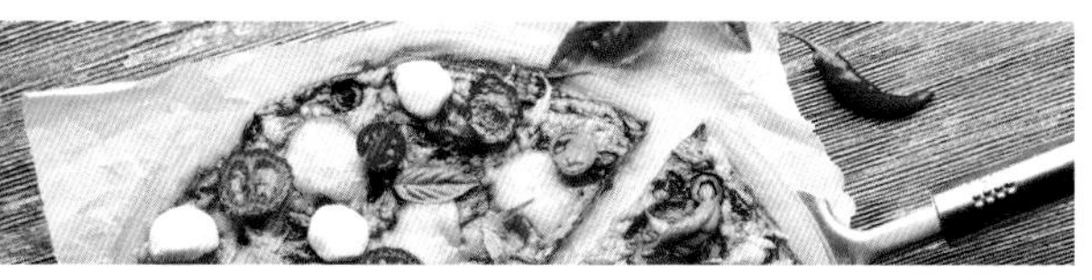

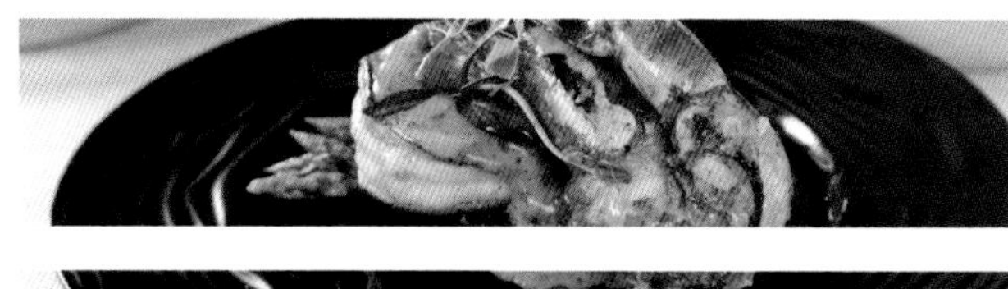

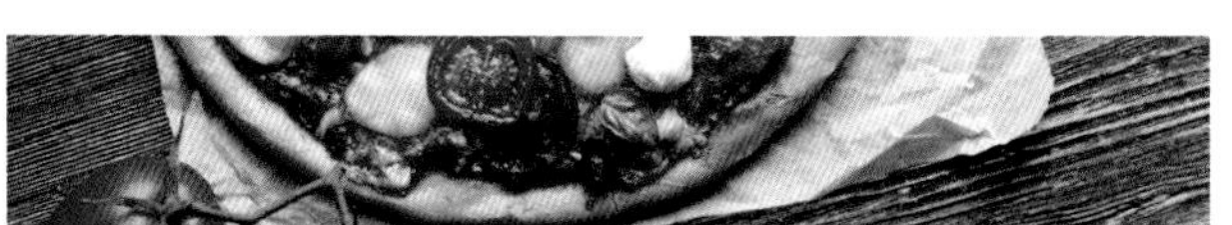

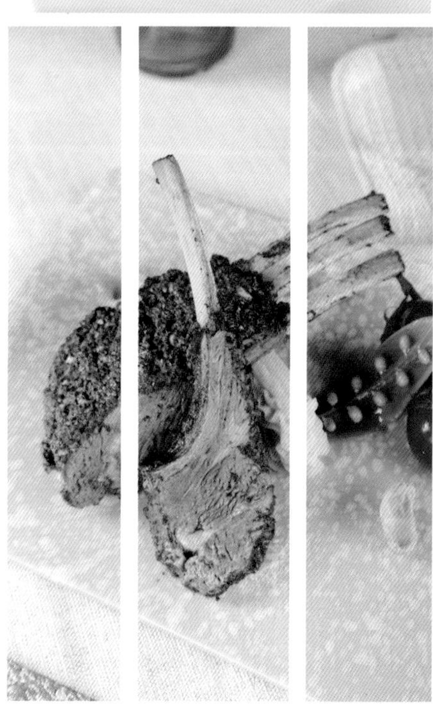

## 小食



## 沙拉



## 汤



## 意大利面



## 披萨



## 主食



## 热菜



## 分子料理

# 第一章 西餐常识

注：本章内照片由商业图库提供。

## 一、西餐的定义

西餐的名称是由于它特定的地理位置而来，但是西方各国饮食文化各有特点，各国的菜式也都不尽相同，就菜系分类来说，包含有欧陆菜、意大利菜、法国菜、西班牙菜、美国菜、墨西哥菜等等。除此之外，本书还包括一些亚洲国家的料理。

## 二、西餐的起源和发展

在西餐烹饪史中，有文字记载和实物佐证的西餐最早出现在古埃及。

古埃及的尼罗河岸物产丰富，水果蔬菜、鸡肉河鱼都是古埃及人上佳的烹饪食材，果酱也是古埃及人用上好的水果加糖加酒制作出来的。古埃及人创造的烹饪技巧一直沿用至今，是西餐饮食文化的源头。

在欧洲，古希腊率先踏入了人类文明的门槛，公元前350年，古希腊的烹调技术已经达到相当高的水平，这跟它最先从地中海彼岸的古埃及人那里学到先进的烹调方法有关。起初，丰富的美味佳肴还只是服务于希腊的贵族阶层，但随着文明的发展，古希腊开始出现受过专门训练的厨师，开始有了食谱的出现和流传。

公元前146年，古罗马人在葡萄酒和啤酒的发酵技术基础之上衍生出面包发酵技术。贵族将西餐礼仪化，开始细化刀叉的使用，形成现代西餐的雏形。

到了中世纪，人们普遍开始使用香料和调料来进行烹饪，特别是在法国国王路易十四的倡导下，法国的烹饪艺术不断发展，被认为是西方文化中最优秀的部分。16 世纪以后，法国烹饪在西餐领域一直独领风骚，并影响到整个欧洲的饮食文化。

随着全球化发展，各个国家传统的烹调技法正在不断地相互渗透与交融，在传统的西式烹调基础上，还衍生出更多新式流行的餐饮文化。

## 三、现代西餐主要分类和特点

◎鹅肝

法式菜肴

法式菜肴选料广泛，奶酪、水果和各种新鲜蔬菜是常见的食材。法国菜加工精细，烹调考究，滋味有浓有淡，花色品种多，还比较讲究吃半熟或生食，重视调味，调味品种类多样，擅于用酒。

著名的法式菜肴有：马赛鱼羹、鹅肝排、巴黎龙虾、红酒山鸡、沙福罗鸡、鸡肝牛排等。

英式菜肴

英式菜肴油少、清淡，调味时较少用酒。调味品大都放在餐台上由客人自己选用。烹调讲究鲜嫩、口味清淡，选料注重使用海鲜及各式蔬菜，菜量要求少而精。英式菜肴的烹调方法多以蒸、煮、烧、熏、炸见长。

著名的英式菜肴有：鸡丁沙拉、烤大虾舒芙蕾、薯烩羊肉、烤羊马鞍、冬至布丁、明治排等，同时炸鱼薯条是大众最熟悉的英式餐品。

◎炸鱼薯条

◎披萨饼

### 意式菜肴

意式菜肴以味浓著称。意式烹调注重炸、熏等，又以炒、煎、炸、烩等方法见长。

意大利人喜爱面食，做法吃法甚多。形状、颜色、味道不同的面条至少有几十种，如字母形、贝壳形、实心面条、通心面条等。意大利人还喜食意式馄饨、意式饺子等。

著名的意式菜肴有：通心粉素菜汤、焗馄饨、奶酪焗通心粉、肉末通心粉、披萨饼等。

### 美式菜肴

美国菜简单、清淡，口味咸中带甜。美国人喜欢铁扒类的菜肴，常用水果作为配料与菜肴一起烹制。美国人对饮食要求并不高，只要营养、快捷，讲求的是原汁鲜味；但对肉质的要求很高，如烧牛柳配龙虾这道菜便是选取来自美国安格斯的牛肉，烤成半生让其带有美妙的牛肉原汁。

著名的美式菜肴有：烤火鸡、橘子烧野鸭、美式牛扒、苹果沙拉、糖酱煎饼等。各种派是美式食品的主打菜。

◎苹果派

◎酸黄瓜汤

## 俄式菜肴

俄式菜肴口味较重，喜欢用油，制作方法较为简单，口味以酸、甜、辣、咸为主，酸黄瓜、酸白菜往往是饭店或家庭餐桌上的必备食品。

烹调方法以烤、熏、腌为特色。俄罗斯人大多喜欢腌制的各种鱼肉、熏肉、香肠、火腿以及酸菜、酸黄瓜等。

著名的俄式菜肴有：什锦冷盘、鱼子酱、酸黄瓜汤、冷苹果汤、鱼肉包子、黄油鸡卷等。

## 德式菜肴

德国人对饮食并不讲究，喜吃水果、奶酪、香肠、酸菜、土豆等，不求浮华只求营养实惠，自助快餐就是德国人首先发明的。

德国人喜喝啤酒，每年的慕尼黑啤酒节大约要消耗掉100万升啤酒。

著名的德式菜肴有：蔬菜沙拉、鲜蘑汤、焗鱼排等。

◎蔬菜沙拉

◎西班牙海鲜烩饭

## 其他菜系

希腊菜以清淡典雅、原汁原味为特点。

西班牙和葡萄牙菜肴以米饭著称，常以焖烩的肉、海鲜为主。

# 四、菜品的生熟度

西餐生冷的菜肴会比较普遍，在餐厅点牛排时，服务生都会问你“需要几成熟？”（“How do you like it cooked?”）不同煮熟度的牛肉如下图所示，全熟是 well done，七成熟是 medium well，五成熟是 medium，三成熟是 medium rare，一成熟是 rare，生吃是 blue rare。

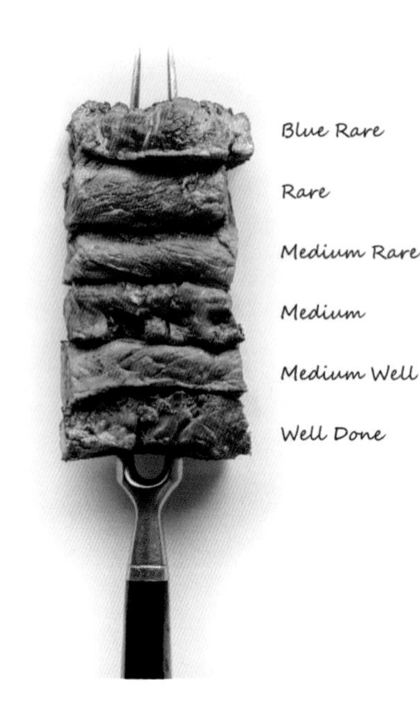


# 五、西餐的上菜程序

1. 开胃小食

又称前菜，以酸咸辛辣为主，分量比较精致，能够让人开胃，增添食欲。

2. 沙拉

西式凉菜，食材的选择范围比较广泛，味道以鲜酸为主，同样可以刺激胃液分泌，增加食欲。

3. 汤

味道鲜醇，分浓汤和清汤，也可以分成热汤和冷汤。

4. 主菜

通常是以动物性原料为主，植物性原料为辅，通过不同的烹饪处理技巧来达到食物的最佳口感，再搭配别具一格的沙司以及各种风情的佐餐酒。

5. 水果

水果一般用来解腻，可以缓解食物上的油腻。

6. 甜品

也称餐后甜食，一般由糖、鸡蛋、奶酪、面粉、水果等原材料制成，是欧美人正餐中的最后一道菜，也是西餐不可缺少的部分。

# 第2章 西餐烹调基础

注：本章内照片由商业图库提供。

# 一、西式厨房的工具

## 设备

### 炉灶

（1）电磁炉：一般家庭都会使用电磁炉，无火焰，易摆放，安全系数高，使用方便，缺点是加热慢，关闭后降温慢，某些特定食材的加热达不到需要的温度。

（2）明火炉：使用燃气，加热速度快，用后便于关闭，能够提供烹饪所需的一切温度，缺点就是有安全隐患，明火易烫伤。

### 烤箱

（1）对流式烤箱：烤箱内部装有风扇，利于空气对流和热量传递，因此加热食物速度快，食物烤制熟度和颜色比较均匀，节约时间和能量。

（2）辐射式烤箱：通过电能的红外线辐射产生热能，同时还有烤箱热空气的对流供热。通俗地说就是电热元件管上下火控制加热，一般都可以达到烹饪需要，缺点是加热不均匀，需要不停地翻动。

（3）多功能式烤箱：这是一种比较新型的烤箱，它既可以做对流式烤箱，也可以通过加入湿气作为蒸箱，或者兼备以上功能，还可以减少食物的收缩和干化。

### 微波炉

现在市面上的微波炉基本分为机械和智能两种。微波炉的工作原理是将电能转化为微波，运用高频电磁场，使原料分子剧烈运动而产生高热，从而加热食物。微波炉加热均匀，食物营养损失小，出品率高，但菜肴会缺乏烘焙所产生的黄色外壳，口感较差。

### 煎炉

表面为一整块 1 ~ 2cm 厚的平整铁板，四周用来滤油，热能来源主要有电和燃气两种，使用前需提前预热。使用煎炉的好处是食品烹制受热均匀。

## 扒炉

表面不是铁板，而是排列有序的铁条，热能来源主要有电、燃气、木炭等，通过下面的辐射热和铁条的热传导使食材受热，使用前也需要提前加热。

## 明火焗炉

又称面火焗炉，是一种立式扒炉，中间为炉膛，有铁架，一般可升降。热源在顶端，一般适用于给原料上色和表面加热。

## 炸炉

炸炉只有一种功能，即通过热油烹炸食物。标准的炸炉以电或燃气为加热能源，内有恒温设备，可以让油温保持在所需的温度。

## 搅拌机

立式搅拌机是厨房的重要工具，可用于食材的打碎、搅拌和混合。

## 切片机

用切片机切削的食材比手工切的更均匀，对于控制用量、减少损失很有价值。

## 冰箱

可分为卧式和立式，功能有冷藏、冷冻以及速冻三种，可以根据不同的食材保存所需要温度和体积来选择。

# 锅具

## 汤锅

体积大,两边垂直的深锅,适用于做高汤。

## 沙司锅

圆形中等深浅的锅，与汤锅类似，稍微浅一点,更容易进行搅拌,可以用来做汤、沙司和其他含液体食物。

## 炖锅

圆形宽口、两边垂直、重而浅的锅，可以用来给肉上色和炖肉。

## 沙司平底锅

与小型浅底轻巧的沙司锅类似，只是没有两边的圆形把手，而是有一个长柄把手。锅壁垂直或倾斜，一般用来煮酱汁。

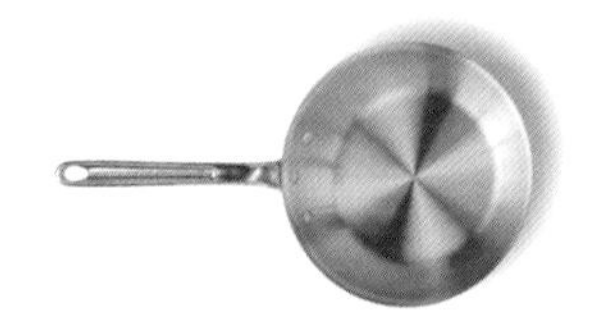

## 直边炒锅

锅壁垂直的圆形炒锅，底厚而较重，因其锅口，面积大，水分蒸发快，适合煎或炒。

## 斜边炒锅

斜把手，烹饪菜品时可以抛或翻炒，适合烹制鱼类、煎肉或蔬菜。

## 铸铁锅

体重底厚的煎锅，适用于受热均匀、热量稳定的食材。

## 烤肉盘

更重更大的长方形盘，适用于大块的烤制肉，如整鸡。

### 万用盘

用不锈钢制成的长方形盘，既可盛放食物，也适用于食物的烤制和蒸制。

### 汤锅

圆筒形不锈钢容器，用来储存食物和酱汁。

## 刀具

下面介绍一些常用的刀具。其他还有剔骨刀、开蚝刀等。

### 厨刀

厨房间最常用的刀具，刀片长约26cm，靠近刀柄部位宽，渐渐变窄，刀前段是尖形。适用于将稍大的原材料加工成片、块或条。

### 万用刀

一种窄窄的尖刀，长16 ~ 20cm，多用于制作凉菜和水果。

### 水果刀

短小的尖刀，长5 ~ 10cm，用来削水果或者蔬菜造型。

### 砍刀

刀片宽厚，用来砍骨头。

### 锯刀

细长、带有锯齿的长条刀具，35 ~ 40cm长，用来切面包。

### 磨刀棒

用来磨刀，保持刀刃锋利。

# 其他小工具

**菜板** 和刀具配套，有木质、塑料和橡胶三种。

**量杯** 大小不一，根据杯壁的刻度进行测量。

**挖球器** （1）用于把泥状食材塑成球形。

**肉锤** （2）用于拍打肉类原料，可使其质地柔软，更适合烹制。

**铲子** （3）用于拿取固体食物。

**小号、大号蛋抽** （4、5）由钢丝制成，用于抽打鸡蛋液、奶油或制作沙司。

**撇渣勺** （6）长柄小漏勺，主要用于撇去汤中的浮末和残渣。

**小号、大号量勺** （7、9）一般用来测量调味料的分量，如盐、糖等。

**压泥器** （8）用于捣碎食物。

**过滤筛网** （10）钢丝制成的密网，用于汤汁的过滤。

**小勺子、大勺子** （11、12）用于舀取食物，或搅拌。

**开罐器** （13）用于开金属罐装食物。

**夹子** （14）用于夹取食物。

**抹刀** （15）用于抹平食物表面。

# 二、主要食材

## 牛肉

牛肉是西餐的主要肉类。

按饲料可分成草饲养牛肉和谷饲养牛肉，谷饲牛肉品质好，使用最多。

按饲养时间可分成年牛肉和小牛肉两种，小牛肉是牛生长到三个月、体重约120千克的时候宰杀取得的，肉质细嫩。

食用牛肉的习惯最早来源于欧洲中世纪，牛肉是王公贵族们的高级肉品，牛肉搭配着当时昂贵的胡椒及香辛料一起烹调，并在特殊场合中供应，以彰显主人的尊贵身份。

牛排等级在日本分为A1～A5，在欧美分为M1～M12，数字越大代表品质越好。牛体各部位肉的名称和特征如下所示。

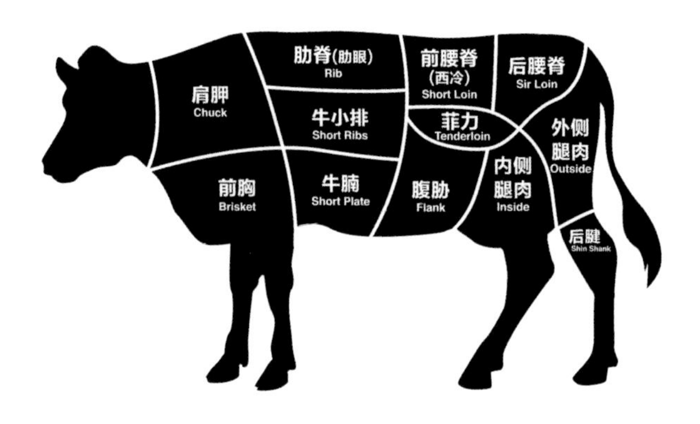


### 菲力（Fillet）：最细嫩的口感

如果想要品尝到最细腻的口感，那就要选用菲力，这是牛身上最嫩的肉，几乎

不含肥膘，煎三分熟、五分熟、七分熟都可以。

### 西冷（Sirloin）：韧度超强的口感

西冷是牛外脊，含有一定数量的肥油，在肉的外延会有一圈白色的肉筋，总体口感韧度超强，肉质虽硬，但更有嚼头。这种材质的肉不宜煎熟，以五分熟到七分熟之间的熟度最能表现西冷的美味。西冷具有天然丰富的风味，享用时不要加入任何酱汁，吃起来带有少许甜甜的血丝，每切一块肉，要注意带一些白色的肉筋，咀嚼时，能够体验鲜美肉汁在口中四溢的美妙。

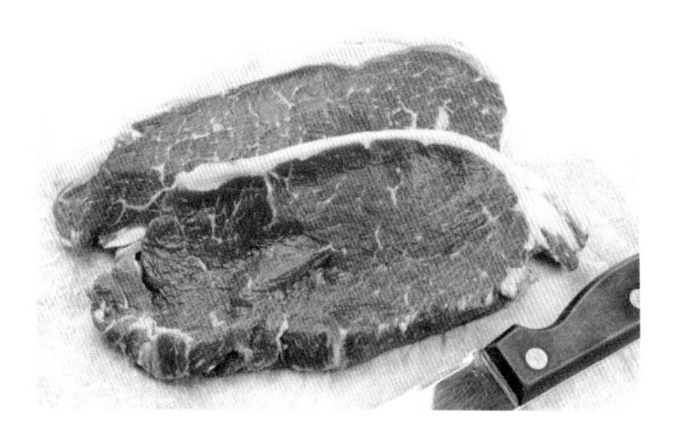

**肋眼（Rib-Eye）：筋肉焦脆的口感**

即使胃口不好，也能选择一道适合打开胃口的牛排。肋眼就具有这样奇妙的功效，此牛排选自牛靠近胸部的肋肌，由于此部分很少运动到，所以肉质很嫩而大理石纹路较多，并且分布均匀，肥肉与瘦肉兼而有之，这种牛排非常适合煎制成全熟状态，牛肉煎熟后收缩，会与骨头部分自然分离，此时最能表现出牛小排焦脆的筋肉和咀嚼口感，味道更香，足够令人食欲大开。不过，喜欢肥肉的人不太适合食用此牛排。建议吃的时候不要加任何酱汁。

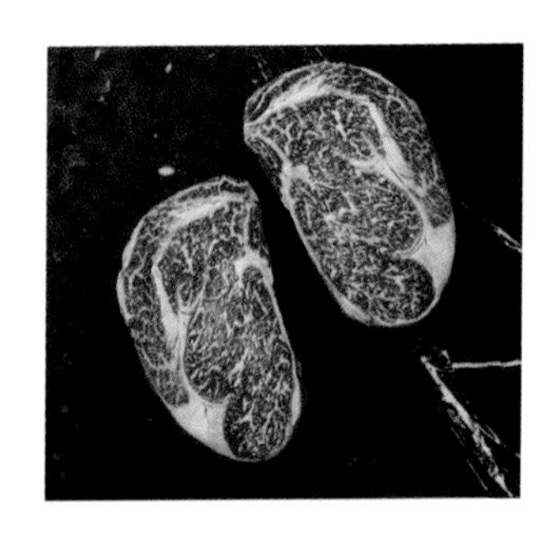

**T骨（T-Bone）：细嫩且劲道的双重口感**

T骨是美国人非常偏爱的牛排，由西冷与一小部分的菲力组合而成，中间则有一丁字形的骨头，同时可以享用到两个不同部位的牛肉。烧烤是烹调此牛排的最佳方式，享用时最好不要加入任何酱汁，即使要加，也少加一些。

## 畜肉制品

### 香肠

香肠品种多，主料有猪肉、牛肉、羊肉、兔肉等，其中以猪肉和牛肉使用最普通。世界上较著名的香肠品种有德式小香肠、米兰色拉香肠、早餐香肠、维也纳香肠、法国香草色拉香肠等。

### 火腿

西式火腿以猪后腿、肩部等部位制成，分无骨火腿和带骨整只两种，比较著名的火腿品种有法国烟熏火腿、苏格兰整只火腿、法国陈制火腿、意大利火腿、苹果火腿等。

### 咸肉

又称培根，有五花咸肉和外脊咸肉两种，常用来作为早餐，或作为其他菜肴的调配料。

# 水产

## 鳕鱼

西餐中使用广泛的海洋鱼，主要产区是大西洋北部的冷水区域，其肉质细嫩鲜美，常用煎、炸、煮、铁扒、烟熏等烹调方法。

## 鳟鱼

世界上的温带国家都有出产，常见的有金鳟、硬头鳟等品种，肉味清淡、鲜美，适合水煮、烤锅煎、油炸等烹调方法。

## 美洲鳗

鱼肉硬实细腻，表皮光滑肥厚，适合油炸、烤、煮、熏等烹调方法。

## 鲑鱼

也叫三文鱼或大马哈鱼，是名贵的食用鱼。于淡水中生长后，移居到海水中数年后成年，逆游回淡水中产卵，再回到海中。其肉质颜色由淡黄到深橘红皆有。

## 金枪鱼

也叫鲔鱼。产于暖和的海域，不同种类其肉色和含脂量不同。在烹煮前多半先在酸盐液中腌制，以淡化其肉色，还可保持其肉质湿润。

## 龙虾

龙虾分布广泛，欧洲大西洋沿岸所产的个体较大，是西餐高档烹饪原料。

### 牡蛎

又称“蚝”，分布于热带和温带，牡蛎肉味鲜美，既可生食也可熟食。

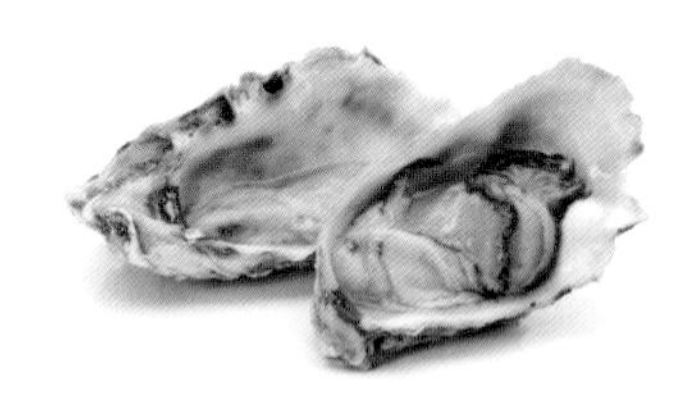

### 蜗牛

亦称“法国田螺”，生活在湿地或河海岸边，现已大量人工养殖。蜗牛营养丰富，滋味鲜美，是意大利和法国的传统名菜，最常见的方法是焗。

### 鱼子和鱼子酱

西餐中的鱼子是新鲜鱼子的加工品，浆汁较少，呈颗粒状。鱼子制品有黑鱼子和红鱼子两种原料，黑鱼子比红鱼子更贵。鱼子酱是在鱼子基础上加工而成的，呈半流质胶状。鱼子和鱼子酱味咸鲜，并有特殊的腥味，一般作为开胃小吃或者冷菜的装饰品。

## 蔬菜

### 生菜

也称叶用莴苣，主要生食，口感柔软清香，也可作为菜肴装饰。

### 番芫荽

又称西芫荽、洋香菜，可用于调味或菜肴点缀。

### 红菜头

又名紫菜头，常用来做沙拉、汤及配菜，也可用来装饰。

### 洋蓟心

也叫球蓟或朝鲜蓟，食用其未成熟的头状花序的肉质部分。味鲜美，有核桃味，可煮食或凉拌，常加入柠檬汁或醋沙司，用于佐食肉类。

### 水瓜榴

也叫金缨子、刺山柑，为一种爬藤类植物的花蕾。可将其腌制在酸液中成为佐料，也叫酸豆，用于冷菜或制作沙拉。

### 番茄干

晒干的番茄肉，用橄榄油泡，常用于意大利菜肴。

## 三、调味料

### 黄油

牛奶提取物，油脂含量达到 80% 以上，常温下为固态。黄油是制作各种西餐菜肴不可缺少的调配料，也可抹在面包上直接食用。

### 鱼露

东南亚食谱中的一种液体调味汁，是将淡水鱼置于大缸中发酵，几个月后生成的棕黄色含丰富蛋白质的液体。鱼露流行于泰国和越南等国。

### 李派林喼汁

亦称伍斯特沙司、英国黑醋、辣酱油，其调制配方源自印度，由酱油、醋、糖蜜、鲚鱼、洋葱、辣椒、辛香料、青柠汁、罗望子汁等，经发酵、腌制而成。

## 山葵酱

山葵酱是吃生鱼片的很好调料，是取用山葵这种植物的根茎经研磨而成，绿色，辣味清新柔和，易挥发。山葵是名贵的食材，现在常见的绿色芥末酱、辣根酱都是其替代品。

## 芥末酱

芥末酱是由植物的种子制成，本身呈黄色。市场上常见的一些“芥末酱”，实际上是以辣根为主料，加绿色素（仿山葵酱形象）而成。

## 第戎芥末酱

一种法国芥末酱，味轻辣，常加入白葡萄酒，因产于法国的第戎而得名。

## 辣味沙司

也称美国辣椒汁，用辣椒、醋和其他调料制成，色泽鲜红，味较辣。

## 意大利黑醋

生产于意大利摩德纳，储存在特制的桶中而成深色，味道香醇柔和。

## 红酒醋

原产于法国的香醋，用葡萄等水果酿制而成，果酸浓郁。

### 蛋黄酱

音译为美乃滋，由蛋黄、色拉油、醋、芥末粉等调制而成，是多种调味汁的底料，如千岛酱、太太酱等。

### 寿司醋

由米醋、盐、红糖混合而成，用于寿司饭的调料。

### 龟甲万酱油

由黄豆、小麦酿制而成，是日式凉拌菜的调料，常和青芥末搭配调制成生鱼片的蘸酱。

### 虾酱

由海虾发酵后，加调料制成。味咸而臭，是东南亚菜肴常用调料。

## 四、香料

### 香叶

学名月桂叶，樟科常绿树甜月桂的干叶，气味芬芳，但略有苦味。烹调后再从菜肴中取出。

### 欧芹

亦称洋芫荽、荷兰芹、巴西里。鲜用，或烘干成欧芹碎使用。

## 百里香

原产地中海的一种具有刺激性气味的草本植物，是一种主要的香料。

## 牛至叶

译音为阿里跟奴，是意大利、希腊和中东广受欢迎的香料，味道较强劲，常用于沙司中。

## 迷迭香

原产于地中海区域的灌木类，其叶子呈松针状，叶有茶香，味辛辣微苦。常用于猪肉、羔羊肉、小牛肉和野味等的烹调，也用于西餐大菜的装饰。

## 鼠尾草

一种半灌木状植物，叶呈灰绿色，味辛辣而芳香。常用于肉类和汤类等。

## 藏红花

亦称番红花，来自花朵中受精部分的柱头，其味辛辣，必须以人工采摘，所以价格相当昂贵，干制成，呈深橘红色，是许多著名菜肴必用的香料，如意大利的risotto（肉汁烩饭）、西班牙的paella（海鲜饭）、法国的bouillabaisse（法式鱼羹）。

## 罗勒

亦称九层塔。原产于印度和伊朗,有小叶、大叶和莴苣叶等多个种类。是制作意大利青酱（pesto）的主要原料。

## 龙蒿

译音为它拉根（tarragon）。菊科植物，其味略似茴香，其干叶常作为调味料，广用于法国菜系。

## 辣椒粉

用辣椒果实制成的调味品，可将肉类、腊肠等食品染红，广泛用于西班牙、墨西哥等国菜肴中。

## 刁草

学名莳萝，或称土茴香，其种子和叶子都带有甜味，常用于沙拉、汤汁、酱汁、鱼、三明治等的调味。

## 肉豆蔻

原产于印尼，肉豆蔻树的椭圆形种子，干制后呈粉末状用于调味。

## 郁金

亦称姜黄，姜科草本植物，原产于印度南部和印度尼西亚等地，味辛辣稍苦，可磨成粉做成咖喱粉，或做成调味酱料。

### 咖喱

传统的印度混合调味粉，咖喱菜肴在东南亚很流行。咖喱可用于汤和酱汁的调味，适合烹饪牛、羊肉和家禽。

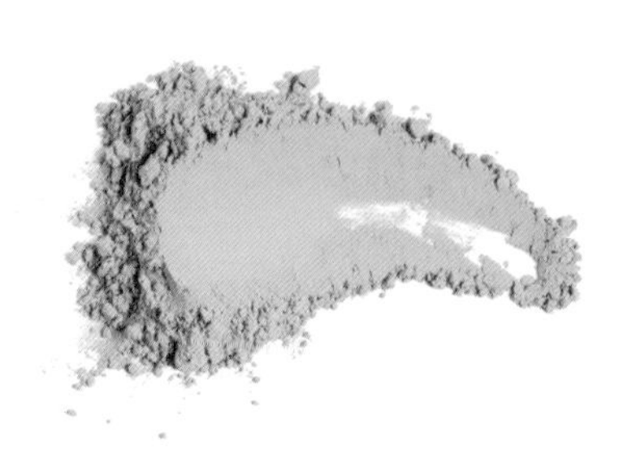

### 咖喱酱

用咖喱粉和各种调料制成。

### 咖喱沙司

以咖喱粉、咖喱酱、水果、椰子汁和洋葱制成。

### 肉桂

一种四季常绿植物的皮，又叫桂皮，亚洲人常用作香料，将其磨成粉状，又叫玉桂粉，在西方则多用于甜点。

## 五、奶酪、意大利面等

奶酪指的是从牛奶中提取出来的富含蛋白质的材料，其英文是 cheese，中文的“起司”“芝士”都是它的音译名。

### 马苏里拉干酪

一种色白味淡的意大利产干酪，常用于披萨、焗海鲜等。

## 帕尔玛干酪

意大利硬干酪，经多年成熟干燥而成。色淡黄，有辛辣味，常擦成碎屑，加入汤或面条中作调味品。

## 切达干酪

品牌名Cheddar，也称车打干酪，英国产的一种硬质全脂干酪，色泽白或金黄，质地细腻，口味柔和。

## 马斯卡彭芝士

品牌名Mascarpone，意大利米兰所产之乳酪，质地柔软、乳味香浓，常用于制作甜品和炒面等。

## 意大利面

意大利实心细面条，有很多规格，可做成炒面，或用不同种类的沙司、肉酱调味。

## 通心管面

意大利短空心面，常做成意面沙拉，或用于煮汤等。

## 蝴蝶宽面

蝴蝶形通心面，一种意大利特色面，形似蝴蝶，常做成沙拉，或用于煮汤等。

### 长型宽面

意大利宽面条，加入不同蔬菜汁，会有多种颜色。

### 千层面

意大利式宽而扁的面条，涂抹馅料、酸奶后层叠组合，烘烤完成。

### 意大利小方饺

一种典型的意大利面食，也叫煮合子，外形似正方形的扁枕，用奶酪、菠菜、五香碎肉等作馅，可炒焗后浇上番茄酱食用。

## 六、烹饪技法

### 煎

煎的温度一般控制在 130 ~ 180℃，最高不超 200℃。

薄的原料可以在煎锅内直接煎熟，厚的原料在两面煎上色后再放入烤箱内烤熟，而留在煎盘内的原料浓缩后可以做菜品的酱汁。

煎时尽量不让原料破皮，以防水分流失。

## 扒

扒的温度控制在 160 ~ 220℃。

较薄的原料可以在扒炉上用高温一次扒到所需的成熟度，较厚的原料则先将表面旺火上色，再用低温慢慢扒熟。

扒制过程中，高温可以让原料纹路清晰。

## 烤

把食物送入烤箱烘烤，温度通常在 110 ~ 280℃。

烤时根据食材的大小、形状、外观要求，先将其上色，然后用锡纸封盖，再入烤箱；或者在食材上涂油后直接进入烤箱烤熟。

## 炒

炒的温度控制在 130 ~ 200℃，烹制速度快。

炒时用力要轻，不宜频繁搅拌，以免破坏原料形状。

## 焗

焗的炉温控制在 200 ~ 300℃。

一般将原料置于焗盘中，再将盘放在有清水的烤盘中，送入烤炉，焗到所需的效果。

## 炸

炸的油温一般控制在 150 ~ 180℃。

在炸已经成熟的原料时，油温可以高一点；在炸制体积较大的食材时，油温需要低一点；原料裹上面包粉或挂糊时，需要低温炸制，以免上色过甚。

## 煮

煮的水温一般控制在 70 ~ 100℃。

植物性原料一般等水烧开，再投入煮至所需状态；动物性原料一般是冷水下锅。

## 蒸

蒸的蒸汽温度在 100℃以上。

蒸制过程中应当保持锅盖紧闭，避免跑气。

蒸制菜肴以刚好成熟为佳，以最大程度保持食材的原汁原味。

## 串烧

串烧的温度一般控制在 180 ~ 300℃。

将所需的食材按要求切成形状，腌制完毕,用竹签或铁签串起,放在炭火上烧熟,在此过程中撒上调味香料。

## 焖

焖的温度一般控制在 100℃左右。把加工好的原料先经过初步热加工，再放入水或汤汁，加热至成熟。成品特点是酥烂汁浓。

## 烩

烩时温度一般控制在 95℃，将汁水保持在微沸状态，并根据食材的特性决定加热时间长短。

烩菜的汁水一般保持在正好淹没食材。

烩制过程中,需要经常轻轻地搅动食材,使其受热均匀,成品不粘锅且口味一致。

# 七、西餐烹调技巧

## 如何煮好意大利面

**用水量** 锅中煮面的水要尽量多，足够面条吸水膨胀成熟，否则煮的过程中面条会变干、易断，也会粘锅糊面。

**煮面水温** 必须在水沸后加入面条并保持水沸，中途不允许加水和关火，否则会使温度下降，使面条在温水中泡烂，没有劲道。

**调料添加** 煮面时加入适量盐和食用油。加盐可以增加面条硬度，煮出后更加劲道，同时也让面条增加一点咸味；加食用油可以有效防止面条粘到一起。

**火候** 面条一般都是煮好后再与别的食材加工成最终的菜肴，所以只能在锅中煮至八分熟，煮时随意挑选一根捞出观察，面条对折不断且软硬程度适口即可出锅。

**保存** 面条出锅时不要用冷水冲洗，防止冷热交替影响面条的性质，应沥干后拌入食用油，自然冷却后冷藏保存。

## 关于牛排烹制

**冷冻** 一般新鲜的牛肉不适合立即烹制，而是先冷冻保存 5 ~ 7 天，用低温来释放牛肉中含有的酸，让牛肉口感达到最佳。

**解冻** 冷冻的牛肉在烹饪前必须完全解冻，否则容易造成牛肉外熟里冻的情况，也容易让肉质中的水分流失，让肉变干。牛肉的正确解冻方法有两种，一是冷藏解冻，二是流水解冻。冷藏解冻比较安全，可以让牛排整体均匀地解冻，自动排出多余水分，推荐使用。流水解冻会比较快，解冻时用保鲜膜或保鲜袋密封住牛肉，用流水不停地冲刷，切勿直接冲洗牛肉，否则会破坏肉质。

**腌制** 牛肉腌制时不要加盐，盐会让牛肉脱水，让肉质变干。腌制完成后必须密封入冷藏，使用时可以提前 30 分钟取出，放在室温下即可。

**烹煮** 烹制牛排时，最重要的是先用高温将牛排表面煎熟，将水分锁在牛肉内，保证肉质的嫩度。牛排煎至所需的成熟度后，离火静置 3 ~ 5 分钟，这样可以让内部牛肉组织重新回收水分，否则牛肉切开后就会流出水分，肉质变老。

## 清洗生菜

将可食生菜先冲洗一遍，再入清水中加盐浸泡 10 分钟，这样可以去除沾在生菜叶上肉眼不易发觉的小虫，再入纯净水中洗净，最后甩干多余水分，加适量冰块保存。

## 八、西餐术语

### 混合生菜

将各种可食用的生菜洗净，考虑颜色和口感的搭配，混合到一起，经常作为配菜和沙拉使用。

### 黄油面粉

西餐中用来勾芡浓汤和增稠酱汁的调料，也可以让汤汁和酱汁色泽更亮，味道更香浓。

炒制时先用微火熔化黄油，后筛入面粉，小火慢炒，融合至呈灰黄色即可。

### 西餐三宝

西餐中把西芹、胡萝卜和白洋葱称为三宝，作为一种香料使用，适用于熬高汤、制作烩菜和酱汁。

### “过三关”

所需食材为面粉、鸡蛋液和面包糠，将食材先沾上一层面粉，再泡入鸡蛋液，最后裹上一层面包糠，烹饪手法多为煎和炸。

### 基础调味

是用盐和胡椒粉进行腌制和烹制食材的专业术语。

### 面包丁

面包类食材多余的边角料丢弃比较浪费，将它们切成小丁，用橄榄油、胡椒粉、盐和香草拌匀，入 150 ~ 170℃的烤箱，烤脆后室温保存，是不错的沙拉伴侣。

### 西餐术语中英文对照

我们准备了 5 类约 550 个西餐术语的中英文对照，大家可以扫描这里的二维码，打开网页看到。

（需要说明的是，如果图书出版时间已久，网页有可能失效。）

# 第3章 欧美亚名菜60款

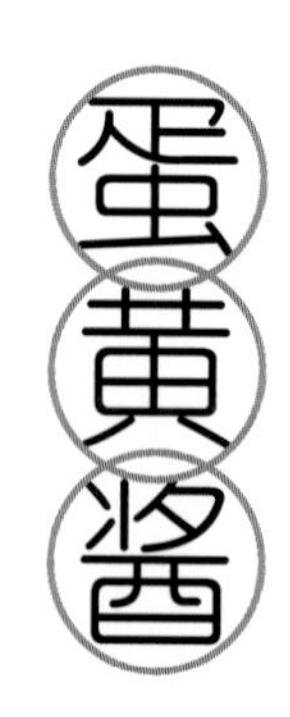

# 蛋黄酱

◎**原料**

蛋黄 2 个，黄芥末 3 克；

↓

橄榄油 250 克；

↓

柠檬汁少许，苹果醋 6 克，盐 0.5 克，白胡椒粉 0.2 克。

◎**做法**

1

先将蛋黄倒入盆中，再加入少许黄芥末。

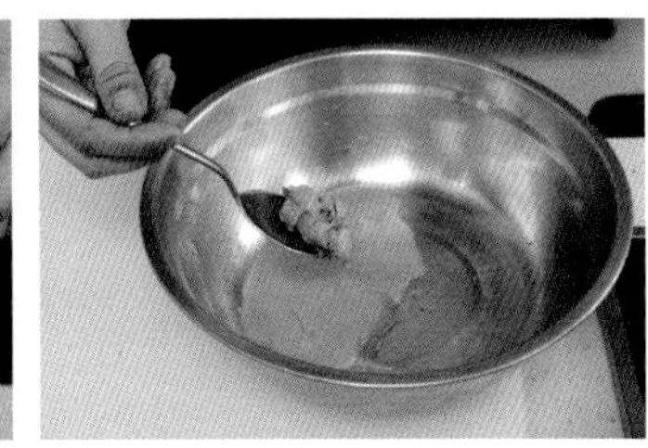

2

用蛋抽快速顺时针搅打，然后加入少量橄榄油，将蛋黄打发成凝固状态。

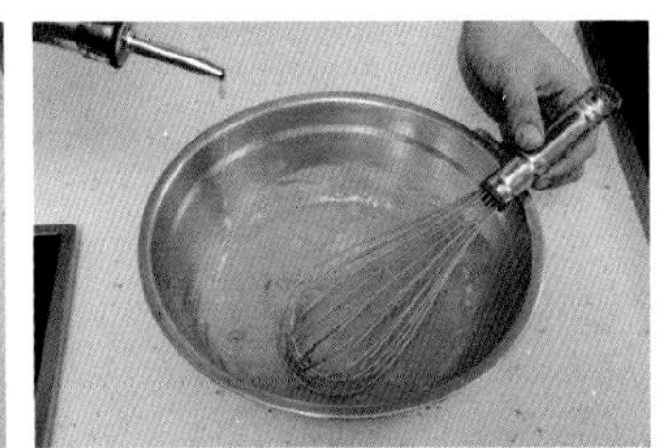

3

将剩余的橄榄油分次加入，以同样手法顺时针打发，直至橄榄油全部打发完毕。

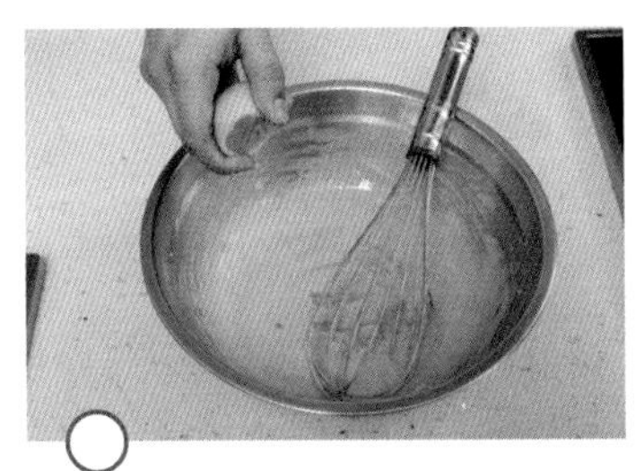

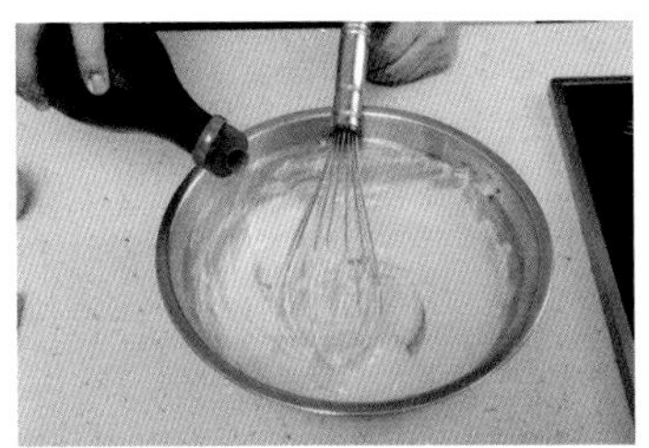

4

最后加入其他调味料搅拌均匀即可。

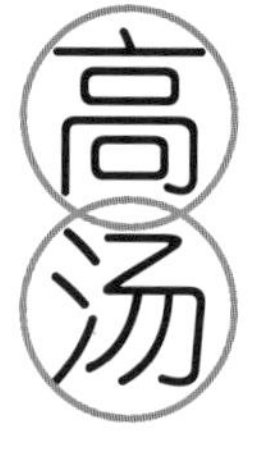

# 高汤

## ◎原料

鸡壳 2 个;

西餐三宝：白洋葱 100 克，胡萝卜 50 克，西芹 50 克;

香料：鲜百里香 5 克，丁香 2 克，荷兰芹 10 克，黑胡椒粒 5 克，香叶 3 片。

## ◎做法

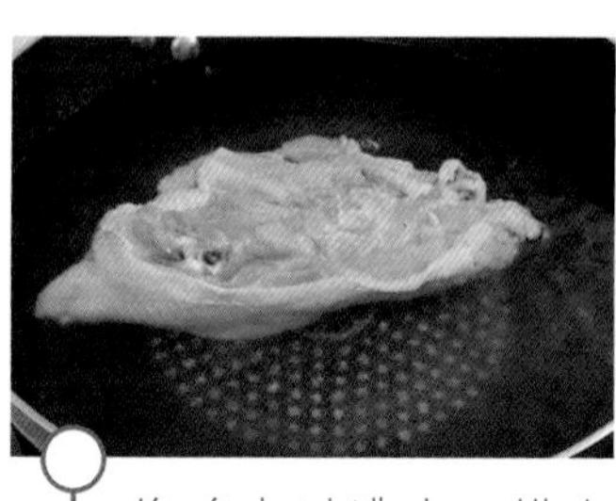

1 将鸡壳过沸水，捞出后用清水洗净。

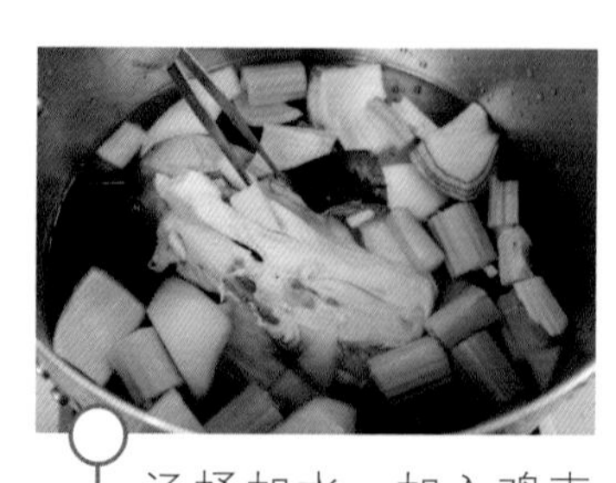

2 汤桶加水，加入鸡壳和西餐三宝（白洋葱、胡萝卜、西芹）。

3 加入各香料，小火熬制 5 小时，再过滤出汤汁即可。

# 布朗汁

◎**原料**

白洋葱 300 克，胡萝卜 200 克，芹菜 200 克；

↓

番茄膏 500 克；

↓

面粉 100 克，红酒 200 克；

↓

牛棒骨 1000 克，碎肉 300 克，色拉油 30 克，鲜百里香 2 根，迷迭香 1 根，香叶 5 片，黑胡椒粒 5 克。

◎**做法**

1 将西餐三宝（白洋葱、胡萝卜、西芹）用中火炒香；
加入番茄膏，炒至番茄膏微黑。

2 加入面粉，加入红酒，炒至红酒挥发。

3 入烤箱 200℃烤至中焦。

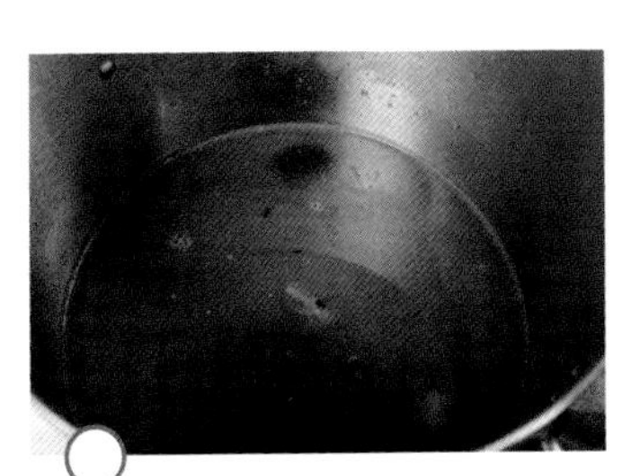

4 从烤箱取出，投入汤锅，加入 10 升水、牛棒骨、碎肉、色拉油和各香料，熬制 24 小时后捞出过滤即可。

# 开拿派

**◎原料**

土豆 1 个；

⬇

鸡蛋 1 个，面粉 10 克，淡奶油 5 克，盐和胡椒粉适量；

虾仁 5 个；

MG 奶油芝士 50 克，白胡椒粉 3 克，烟熏三文鱼 10 克，莳萝草少量。

【土豆面糊】；

⬇

【奶油酱】；

⬇

【碎虾仁】，鱼子酱 10 克，莳萝草少量。

◎**做法**

1 制作饼糊：
将土豆煮烂，压碎成泥状；加入鸡蛋液、面粉、少许淡奶油、盐、胡椒粉，搅拌成糊状。

2 虾仁用油炸熟，剁碎，备用。

3 制作顶酱：
另取盆，加入奶油芝士和白胡椒粉，分次加入切碎的烟熏三文鱼，加入切碎的莳萝草，逐步用搅拌机打匀融合为奶油酱，填入裱花袋。

4 另起锅，锅中倒入少许橄榄油，加热后再用厨房纸擦干，将步骤 1 的面糊煎成一个个直径为 2 ~ 3cm 的小饼，摆盘。

5 在每个饼上挤上步骤 3 的奶油酱。

6 摆上碎虾仁，倒上鱼子酱，插上莳萝草即可。

# 摩洛哥蟹肉饼

◎**蟹肉饼原料**

阿拉斯加蟹腿肉 100 克；

⬇

红洋葱丝 15 克，西芹 15 克，大葱丝 15 克，白面包糠 10 克，鸡蛋 1 个，白胡椒和食用海盐少许，白葡萄酒 20 克。

◎**裹饼原料**

面粉 100 克，鸡蛋 4 个，白面包糠 40 克。

## ◎整体做法

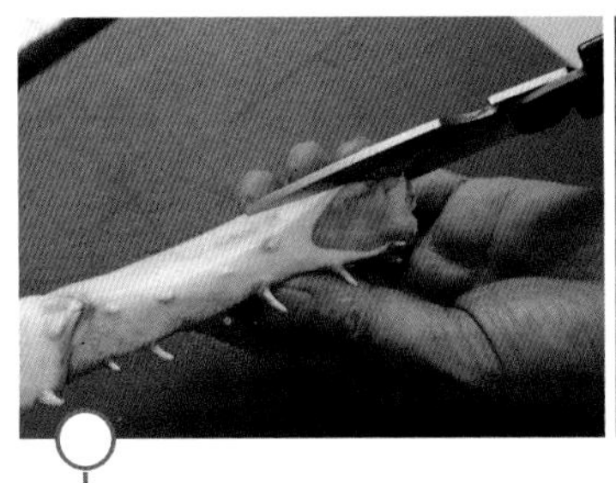

1 将蟹肉取出。

2 加入其他蟹肉饼原料。

3 原料混合后，用小圆形磨具按出模型。

4 下面开始裹饼，将成型的蟹肉饼裹上薄薄一层面粉。

5 再裹上一层鸡蛋液。

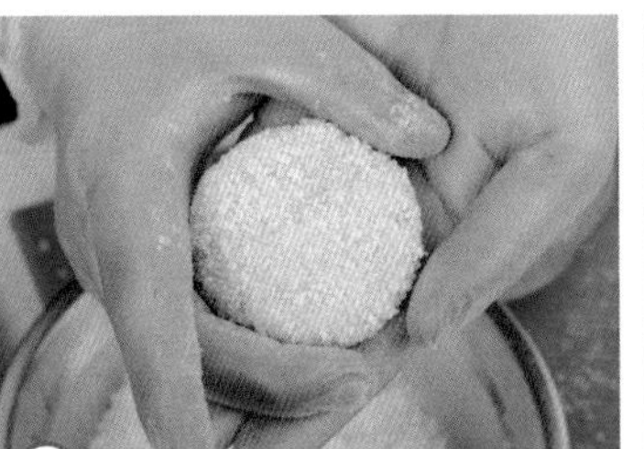

6 然后裹上一层白面包糠成型。

7 热锅内放入少许橄榄油，将蟹肉饼两面煎至金黄。

8 取出饼，放入180℃烤箱烤3～5分钟，取出摆盘，刷上配酱等。

## ◎配酱

蛋黄酱50克，番茄沙司25克，辣椒籽5克，彩椒丁少许，甜红粉少许。

全部混合均匀即可。

鸡肉酿鱿鱼

◎**原料**

鱿鱼 1 条，盐少许，白葡萄酒 30 毫升，柠檬 10 克，百里香 4 根;

鸡胸肉 1 块，盐少许，白胡椒粉 2 克，淡奶油 20 克;

菠菜 20 克，黄油 5 克，白洋葱碎 20 克;

手指胡萝卜 1 根，芦笋 2 根;

柠檬 1 个，日式酱油适量。

◎**做法**

1

鱿鱼切除须和头，去内脏，撕去外皮，肉洗净;

水锅中加入盐、白葡萄酒、柠檬片和百里香，烧沸关火，将鱿鱼片入水锅浸泡，备用。

2

将鸡肉切小粒，加入盐、白胡椒粉和淡奶油，倒入搅拌机打碎，融合成蓉。

3

菠菜用黄油、白洋葱末炒熟备用。

将芦笋和手指胡萝卜削皮，改刀成长度一致的条状，备用。

4

盘上放鱿鱼片，再铺上一层菠菜叶，再铺上鸡肉馅，在肉馅中间放上芦笋和萝卜条。

5 用保鲜膜将鱿鱼卷起来（轴向顺着萝卜条方向），两端接口扎紧。

6 准备一个蒸锅，加水烧开，将鱿鱼卷放入，盖上锅盖蒸 12 ~ 15 分钟。

7 取出切片，配上柠檬角，附日式酱油。

# 马来柠檬烤鸡翅



◎**原料**

鸡中翅 5000 克;

罗勒叶少许，荷兰芹少许，柠檬 3 片;

蜂蜜少许。

◎**做法**

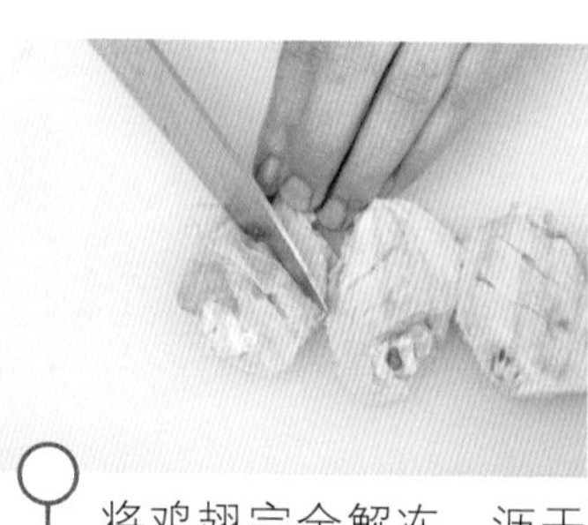

1 将鸡翅完全解冻，沥干水分，在其正反两面各划两斜刀，保证腌制时容易入味。

2 将鸡块放入盆中，拌入罗勒叶和荷兰芹叶，再加入切片去籽的柠檬片拌匀。

3 保鲜膜封口，入冰箱冷藏 12 ~ 24 小时。

4 烤箱预热至 260 ~ 300℃，将腌制好的鸡翅摆上烤盘，入烤箱先烤 5 ~ 6 分钟，取出，刷上一层蜂蜜，再烤至上色即可。

# 越南香草卷配鱼露汁

◎**香草卷原料**

金枪鱼 80 克，白胡椒粉少许，盐、橄榄油适量；
越南薄米纸皮 2 张；

⬇

生菜 5 片，苦菊 20 克，红萝卜 40 克，香草 20 克，罗勒叶 20 克，鲜薄荷叶 14 克，【金枪鱼】。

◎**鱼露汁**

水 1000 克， 糖 300 克，鱼露 200 克，白醋半瓶，青柠汁 80 克，指天椒 2 根，以上全部混合入锅熬制微浓稠状。

◎**做法**

1 将金枪鱼切成条状，加入少许白胡椒粉、盐、橄榄油拌匀待用。

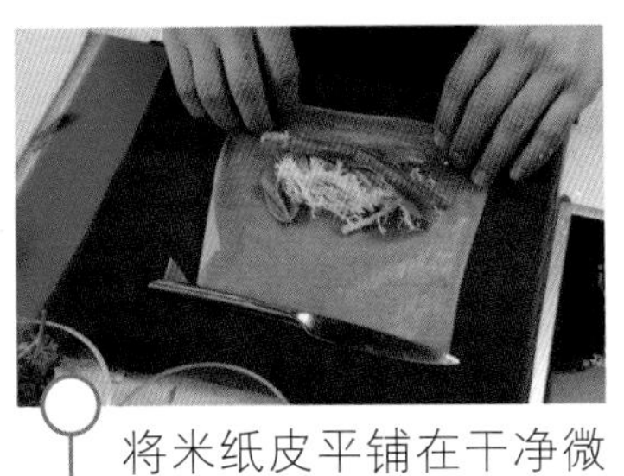

2 将米纸皮平铺在干净微湿的毛巾上。放入生菜丝、苦菊丝、红萝卜丝、香草、罗勒叶、鲜薄荷叶，放上步骤 1 的金枪鱼。

3 包裹成圆柱条状。斜切后摆盘，附上鱼露汁。

# 火腿酿蘑菇芝士球

◎**原料**

白口蘑 10 个；

帕尔玛（Parma）火腿 30 克，MG 白奶酪芝士 200 克，红洋葱碎 20 克，法香碎少许；

↓

【蘑菇】；

↓

面粉 20 克；

↓

鸡蛋 2 个；

↓

面包糠 20 克。

## ◎做法

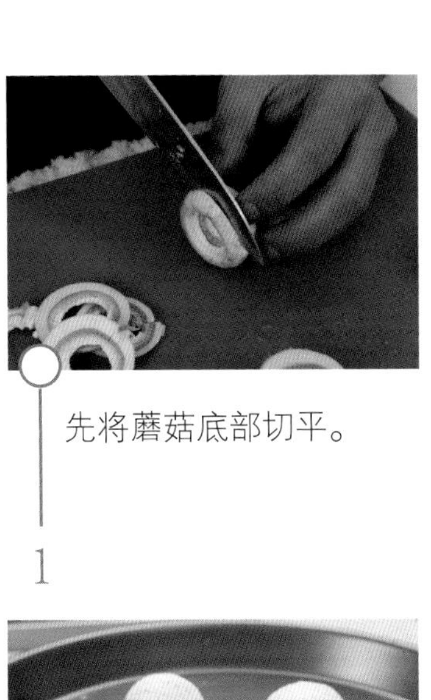

1 先将蘑菇底部切平。

2 将帕尔玛火腿、MG白奶酪芝士、红洋葱碎、法香碎融合均匀制成酱料。

3 将酱料裹在蘑菇上，并将底部填饱满，整体搓成圆形。

4 将蘑菇球裹上一层面粉。

5 裹上一层鸡蛋液。

6 裹上面包糠。

7 而后再裹一次鸡蛋液、面包糠。

8 将裹好的蘑菇芝士球放入预温170℃的油炉，炸3～5分钟即可捞出。吸油后食用。

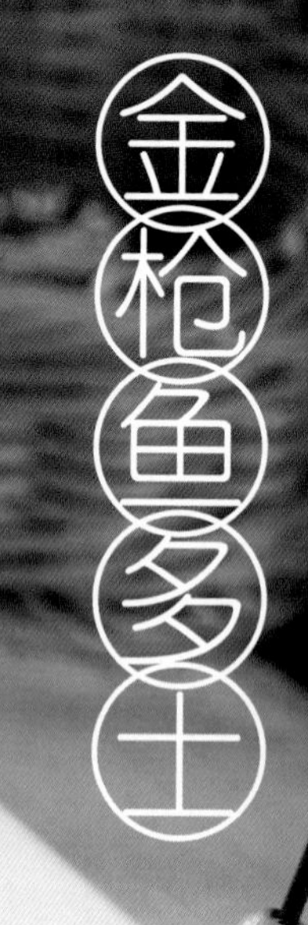

# 金枪鱼多士

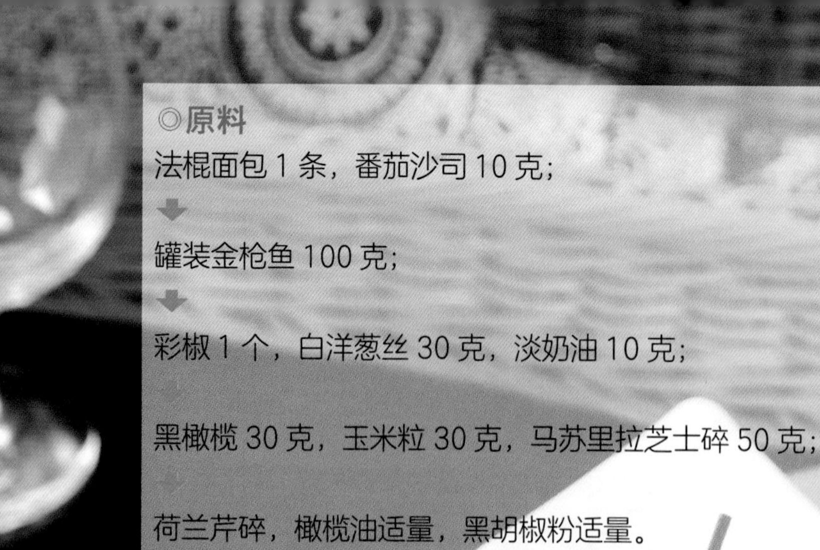

◎**原料**

法棍面包 1 条，番茄沙司 10 克；

罐装金枪鱼 100 克；

彩椒 1 个，白洋葱丝 30 克，淡奶油 10 克；

黑橄榄 30 克，玉米粒 30 克，马苏里拉芝士碎 50 克；

荷兰芹碎，橄榄油适量，黑胡椒粉适量。

◎**做法**

1 法棍斜切 0.5cm 的片，涂上一层番茄沙司。

2 将罐装金枪鱼肉挤干水分摆入。

3 接着摆上彩椒条，白洋葱丝，浇上一层淡奶油。

4 摆上黑橄榄圈和玉米粒，再撒一层芝士碎。

5 烤箱预热至 230℃，将组合好的多士放入，烤至芝士融化上色。

6 取出摆盘，撒上少许荷兰芹碎和黑胡椒粉，淋上橄榄油，即可食用。

# 三文鱼塔塔

### ◎三文鱼沙拉原料

新鲜三文鱼 30 克，牛油果半个，柠檬汁 2 克，白胡椒粉 1 克，盐少许，辣椒籽少许，白兰地 5 克；

### ◎顶部配料

鱼子酱、香芹苗、紫苏苗、莳萝叶少许。

### ◎青豆饼原料

青豆 100 克，牛奶 100 毫升；

↓

泡打粉 2 克，小苏打粉 2 克，面粉 150 克，鸡蛋 2 个，薄荷叶少许；

↓

橄榄油适量，盐少许，黑胡椒粉少许。



### ◎做法

1 将三文鱼和牛油果切小丁，加入柠檬汁、白胡椒粉、盐、辣椒籽和白兰地拌匀。

2 制作青豆饼面糊：
青豆用沸水烫一下，放入搅拌机，加入牛奶打碎；
将打碎物过筛后倒入盆中，加入泡打粉、小苏打粉、面粉、鸡蛋、薄荷碎拌匀；
再倒入少许橄榄油、盐、胡椒粉调味；
盖保鲜膜封口，醒发 30 分钟。

3 煎青豆饼：锅中热橄榄油，倒掉，用厨房纸擦干，倒入面糊，煎成青豆饼，备用。

4 将青豆饼用模具按出形状。继续借助模具，放上步骤 1 的三文鱼沙拉，再放上鱼子酱等顶部配料。

# 番茄奶酪沙拉

◎原料

意大利黑醋 30 毫升，蜂蜜 20 毫升；

番茄 2 个，水牛芝士 1 个，鲜罗勒叶少许；

黑胡椒粉、橄榄油适量，【酱汁】；

小干葱、豌豆苗、茴香根、紫苏苗适量。

◎**做法**

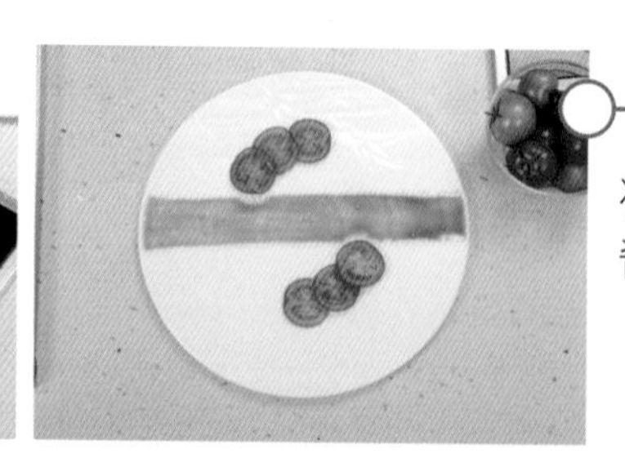

1 将黑醋与蜂蜜熬至浓稠成酱，涂抹盘中。

2 番茄洗净切0.5毫米厚片，水牛芝士切0.5毫米厚片，与罗勒叶按圆形依次摆置盘中。

3 表面撒上黑胡椒粉，浇上橄榄油、酱汁。

4 小干葱切成圈，茴香根切片，再加豌豆苗、紫苏苗装饰即可。

# 塔博勒沙拉

## ◎原料

中东小米 100 克，热水 110 克，橄榄油适量；

梨半个，葡萄干 10 克，胡萝卜丁 10 克，香菜末 3 克；

↓

柠檬汁 10 克，盐少许；

↓

混合生菜适量，【中东小米】，薄荷叶少许，
棕榈芯 1 根，帕玛森奶酪粉 3 克。

## ◎做法

1 中东小米倒入容器中，加入热水和少许橄榄油，用保鲜膜封好，大约 5 分钟，让其胀熟，粒粒分开，备用。

2 梨削皮，果肉切小丁，葡萄干用热水泡软切小末，将以上食材拌入小米，再加入胡萝卜末和香菜末拌匀。

3 加入柠檬汁和盐拌匀。

4 沙拉盘摆上混合生菜，填入拌好的中东小米，周边撒上薄荷叶、棕榈芯和奶酪粉即可。

# 恺撒沙拉



**◎恺撒酱汁原料**

大蒜 1 克；

⬇

鳀鱼柳 1 条，水瓜榴 2 克，大藏芥末 3 克，李派林喼汁（也称英国黑醋）10 克，美国辣椒籽 10 克，柠檬汁少许，蛋黄酱 100 克。

**◎沙拉整体原料**

鸡胸肉 1 块，百里香 2 克，盐、白胡椒适量，柠檬汁少许；

罗马生菜 40 克；

鸡蛋 1 个；

面包丁 15 克，鲜百里香 5 克，黄油 20 克，盐少量，胡椒少量；
【罗马生菜】，【恺撒酱汁】，【面包丁】，【鸡肉条】，【鸡蛋块】；

⬇

帕玛森芝士粉 10 克。

## ◎做法

1

制作酱汁：
大蒜用水煮至半熟；
加入鳀鱼柳、水瓜榴、大藏芥末、李派林喼汁、美国辣椒籽、柠檬汁、蛋黄酱，用搅拌机搅拌融合，制成恺撒酱。

2

鸡胸肉用百里香、盐、胡椒粉、柠檬汁腌制 30 分钟。

3 罗马生菜洗净，用冰水、盐浸泡 15 分钟，而后取出把水分沥干待用。

4 鸡蛋用沸水煮 7 分钟，用凉水浸泡，剥壳后切块待用。

5 面包切丁，加入鲜百里香、黄油、盐、胡椒粉，搅拌均匀，放入预热至 170℃的烤箱，烤至金黄酥脆待用。

6

中火热油将鸡肉表面煎至金黄色，切条待用。

7

将罗马生菜掰碎片，加入调好的恺撒酱汁拌匀，装入盘中，再向盘中撒入面包丁、鸡肉条、鸡蛋块，最后再撒上帕玛森芝士粉即可。

# 意大利扒蔬菜沙拉

◎**生菜原料**

球形生菜 50 克，苦菊 20 克，樱桃番茄 2 颗。

◎**扒菜原料**

红洋葱圈 20 克，茄子 2 片，青节瓜 2 片，黄节瓜 2 片，黄甜椒 2 片，红甜椒 2 片，杏鲍菇 2 片；

百里香 3 根，盐、胡椒粉少许，橄榄油适量。

◎**黑醋汁**

松子仁 5 克，黑醋 30 毫升，橄榄油 30 毫升，小干葱末 5 克，蜂蜜 5 克，纯净水 5 毫升，盐 2 克，搅拌机打碎备用。

◎**装饰原料**

奶酪粉适量。

◎**做法**

1 将球形生菜、苦菊洗净，沥干水分备用；樱桃番茄对切。

2 将扒菜原料中各蔬菜与各调料混合进行腌制。

3 条纹锅烧热，将腌制完的蔬菜，扒熟至印上条纹。

4 将备好的生菜原料倒入沙拉碗，加黑醋汁拌匀。

5 将生菜摆入盘，再放入扒菜，后撒上奶酪粉。出品时附上黑醋汁。

◎**白酱原料**

黄油 20 克，面粉 20 克，牛奶 100 克。

◎**整体原料**

黄油 10 克，橄榄油 10 克，白洋葱 50 克，蒜头碎少许，鲜百里香 1 根；

⬇

白口蘑 50 克，香菇 25 克，杏鲍菇 50 克，黑胡椒碎少许；

⬇

高汤 200 克；

⬇

牛奶 200 克，淡奶油 50 克；

⬇

胡椒、盐少许；

⬇

【白酱】。

## ◎白酱做法

1 黄油小火融化，加入面粉炒匀至微变色。

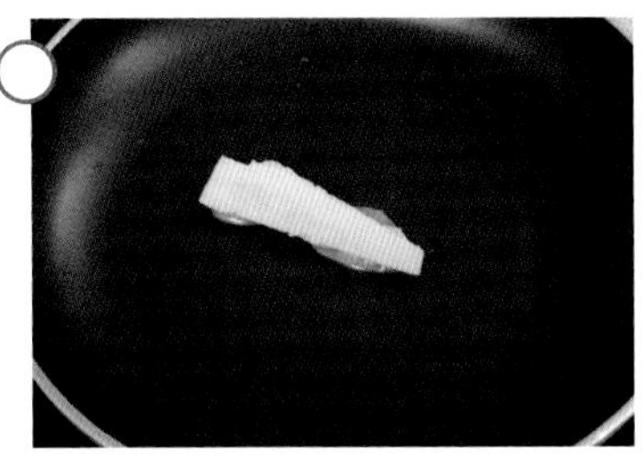

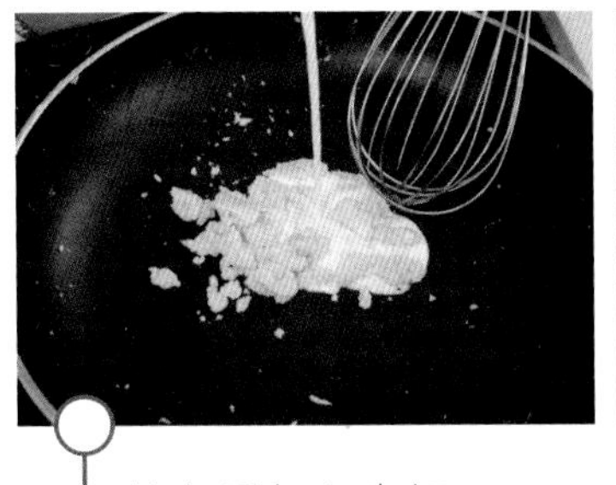

2 炒匀后加入牛奶。

3 用蛋抽快速搅拌均匀，做成白酱，备用。

## ◎整体做法

1 用黄油和橄榄油炒香洋葱丝、蒜碎、鲜百里香。

2 加入切好的菇类，撒少许黑胡椒爆香。

3 加入高汤，用小火煮 15 分钟左右。

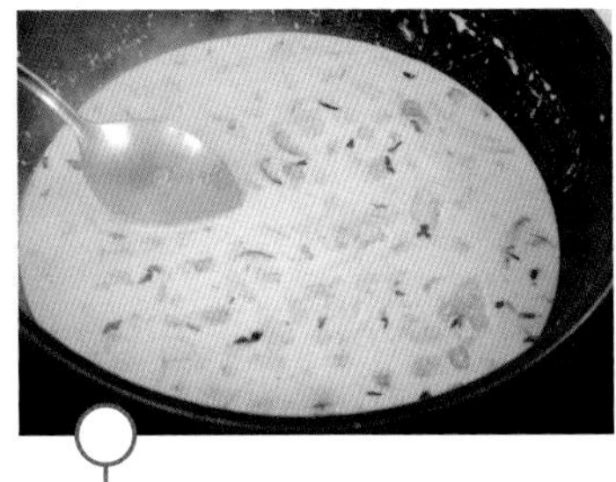

4 加入牛奶与淡奶油，烧开。

5 加入胡椒、盐调味。

6 使用搅拌机打成蓉液。

7 拌入备用的白酱，小火煮融合。

8 装碗摆盘，即可。



# 西班牙冷汤

◎**原料**

面包 1 片，红酒醋 30 毫升；

香葱 5 克，小黄瓜 1 根，红黄甜椒各半个，洋葱 15 克，小番茄 12 个；

↓

鲜百里香 3 克，橄榄油 20 毫升；

↓

盐 5 克，胡椒碎 3 克；

↓

【香葱段】，【面包碎】，橄榄油 10 毫升。

◎**做法**

1 面包用手撕碎，留一点待用，其它放入碗中，加入红酒醋拌匀。

2 香葱洗净切 1 厘米小段，黄瓜削皮切块，红椒、黄椒、洋葱和小番茄切成小块。

3 将以上食材除香葱外，全部加入搅拌机，再加入鲜百里香和 20 毫升的橄榄油，启动开关，搅拌成浓汤。

4 倒入汤碗，调入盐和黑胡椒碎，冷藏 20 ~ 30 分钟。

5 时间到取出，撒上香葱段、面包碎，淋上 10 毫升橄榄油，即可。

# 泰国冬阴功汤

◎**原料**

新鲜香茅 2 支，小葱白 6 根；

↓

新鲜海虾 12 只；

↓

南姜 4 片，鲜柠檬叶 5 片，小米椒 8 个；

↓

草菇 10 个，糖少许，大番茄半个，【虾肉】；

↓

鱼露 40 克（5 汤勺），椰浆少许，青柠檬半个；

↓

香菜 2 根。

## ◎做法

1 准备工作：

香茅草剥去外衣，压碎，将根段和叶段切分开，分别备用。

小葱白切段，南姜切片，柠檬叶撕成大片，小米椒用刀划个口子，草菇用水冲净后切两瓣，香菜洗净切断，备用。

海虾壳和肉分离，洗净，挑去泥肠，备用。

番茄切圆厚片，先入油锅煎至上色，备用。

2 锅中热油大约五成热，将香茅草根段和小葱白段加入，煸炒出香味。

3 下虾头和壳，用中火炒至虾膏出现红色。

4 加入半锅温水，改大火，加入香茅草叶段、南姜片、柠檬叶、小米椒，烧沸后改微火慢煮。

5 煮至酸辣味浓郁后全部过筛，只留下汤汁回锅。

6 回锅用中火，加入草菇和少许糖，加入煎好的番茄片，稍微收汁后加入虾肉。

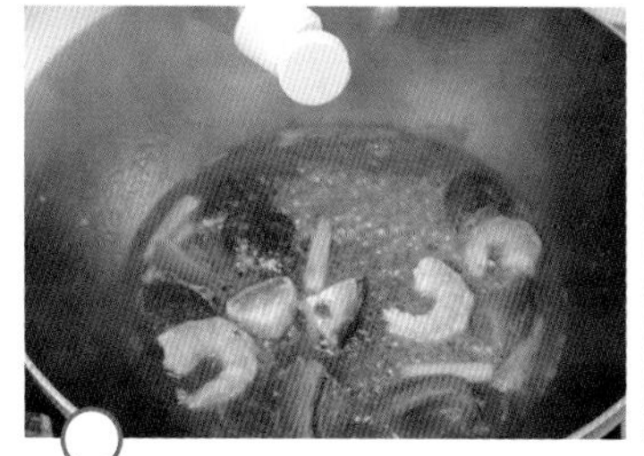

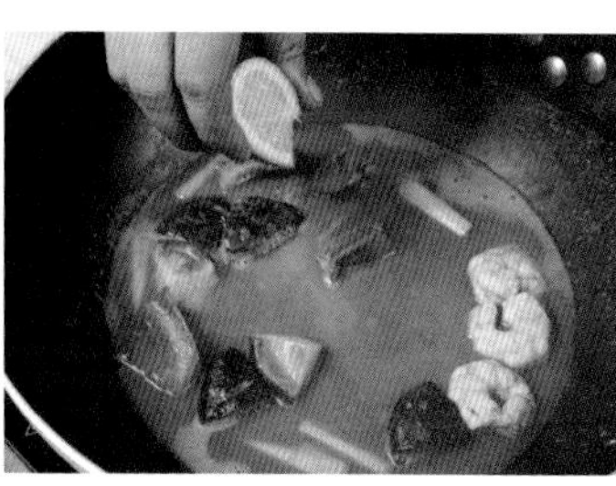

7 鱼露调味，出味后拌入少许椰浆，关火，挤入半个柠檬的汁。

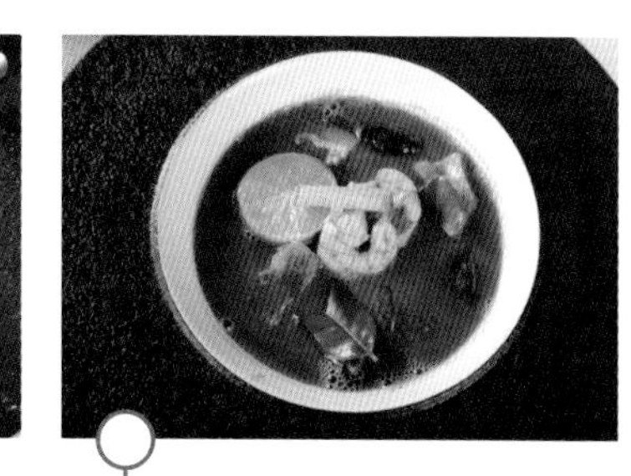

8 装盘后装饰香菜叶。

◎**原料**

荷兰芹 1 根，百里香 4 根，水 700 毫升；

↓

蛤蜊 4 个，三文鱼肉 20 克，海虾 1 个，蟹腿 20 克；

黄油 5 克；

↓

【海鲜汤】；

↓

培根片丁 1 片量；

黄油 20 克，洋葱块 15 克，白葡萄酒适量；

↓

【海鲜黄油汤】；

↓

玉米粒 3 克，青豆 3 克，胡萝卜粒 3 克；

↓

【海鲜小料】，牛奶 50 毫升，盐和胡椒粉少许；

↓

淡奶油少许，红椒粉少许。

# 法式海鲜周打汤

◎**做法**

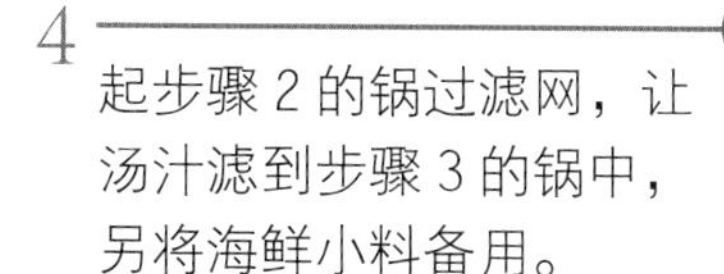

1 汤锅中加荷兰芹、百里香和水煮开。

2 将所有处理干净的海鲜小料继续放入锅中煮10～15秒。

3 取另一小汤锅，加入黄油5克炒香。

4 起步骤2的锅过滤网，让汤汁滤到步骤3的锅中，另将海鲜小料备用。

5 中火加热，加入培根片丁，撇去汤汁表面的浮沫。沸腾后小火保持，收汁至海鲜味浓郁。

6 另一锅中加黄油20克加热，炒香洋葱块，喷入白葡萄酒挥发。

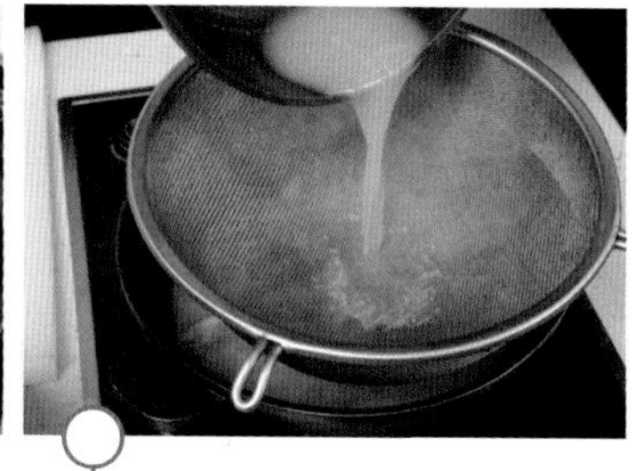

7 将步骤5熬好的海鲜汤再次过筛入此锅。

8 加入玉米粒，青豆和胡萝卜粒，煮熟。

9 将海鲜小料加入稍煮至味浓，加入牛奶，烧开，撒上盐和胡椒粉调味。

10 装盘八分满，摆好海鲜小料，滴入一点淡奶油，撒上少许红椒粉即可。

# 意式茄汁

◎**原料**

新鲜番茄 1 千克；

橄榄油 30 克，洋葱碎 50 克，大蒜碎 30 克，白酒 20 克；

↓

【切碎番茄】，灌装番茄 1.5 千克；

↓

罗勒叶 15 克；

↓

披萨草 3 克，黑胡椒碎 10 克，白砂糖 15 克，盐少许。

◎**做法**

1 番茄去蒂，表皮划十字刀，放入沸水中烫 2 分钟取出，冷却后剥皮切丁待用。

2 高火锅中加入橄榄油，将洋葱、蒜丁炒香，倒入白酒。

3 待酒挥发后加入步骤 1 的切碎番茄与灌装番茄。

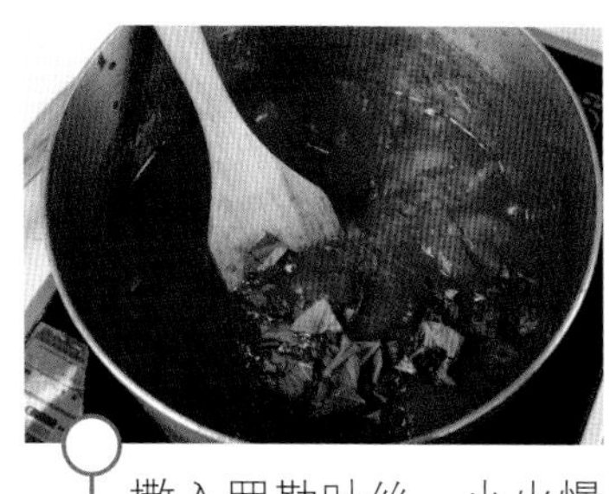

4 撒入罗勒叶丝，小火慢煮 15 分钟。

5 加入披萨草、黑胡椒、糖、盐调味。

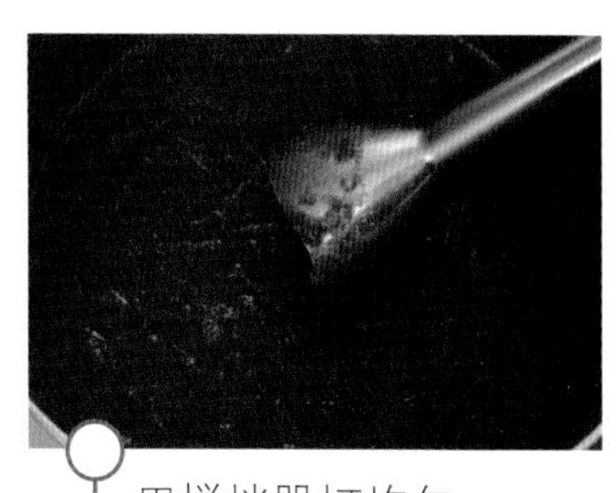

6 用搅拌器打均匀。

## ◎原料

牛肉馅 200 克，猪肉馅 100 克；

⬇

新鲜迷迭香 3 克，新鲜百里香 5 克，披萨草 5 克，黑胡椒碎 5 克，罗勒叶 3 克；

西芹 60 克，胡萝卜 60 克，洋葱 100 克，综合香草 21 克；

⬇

【肉馅】；

⬇

基础汤（牛骨汁或鸡汤）适量；

⬇

去皮番茄 50 克，番茄膏 100 克；

⬇

胡椒粉少许，盐少许。

## ◎做法

1 首先将牛肉馅、猪肉馅放置锅中煸炒出香味，备用。

2 加入新鲜迷迭香、新鲜百里香、披萨草、黑胡椒碎、罗勒叶炒匀。

3 另起锅热油，加入西芹末、胡萝卜末、洋葱末、香草爆香。

4 加入步骤 2 的肉馅，加入基础汤淹过食材，加入去皮番茄，加入番茄膏，调匀。

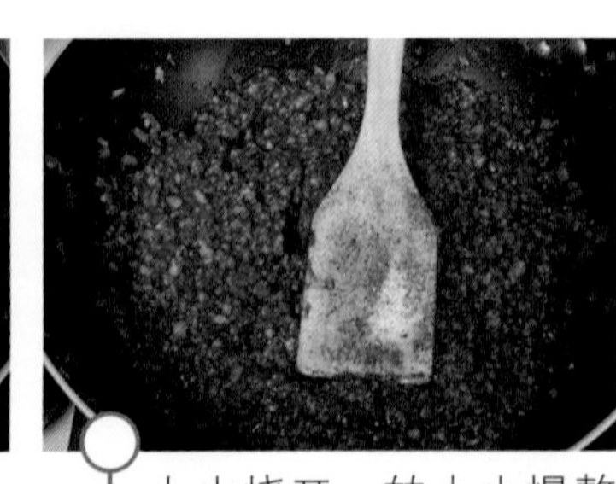

5 大火烧开，转小火慢熬出味，待汤汁收干一半，调味即可。

# 手工意大利面

◎**基础原料**

三文尼娜（semolina）粉 2000 克，水 600 克，鸡蛋 6 个。

◎**添色原料**

绿色：菠菜汁；黄红色：胡萝卜汁；金黄色：藏红花汁；黑色：墨鱼汁。

◎**做法**

1 将所有基础原料合在一起，用力揉匀。

2 如果想制作有颜色的面条，和面时加入少许对应色彩的蔬菜汁或海鲜酱，如绿色用菠菜汁，黑色用墨鱼汁。

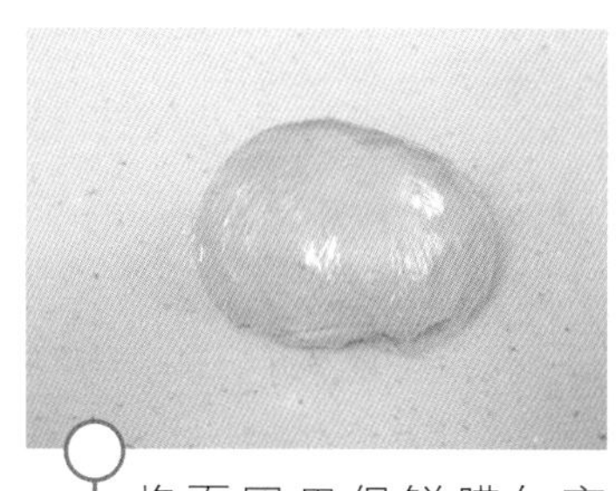

3 将面团用保鲜膜包裹紧，在室温下松弛 30 ~ 40 分钟。

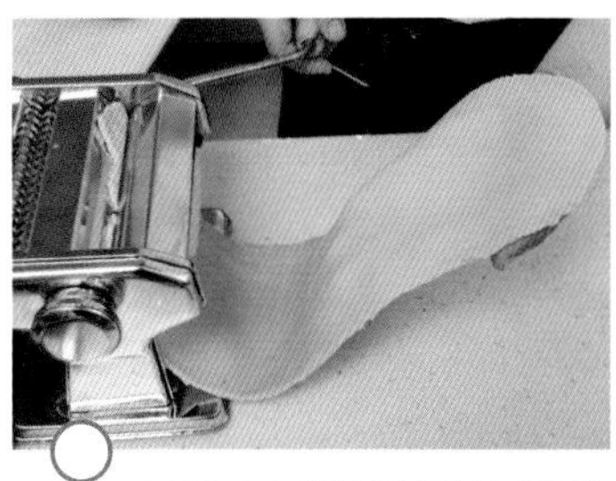

4 用手动压面机圆轴部将面团压扁成面皮，反复 2 ~ 3 次。

5 将面皮送入压面机齿轮部刻出面条。

6 沾上生面粉，抖散，让面条一根根分开，挂起来室温风干。

# 鲜虾奶汁面

**◎奶油虾汁原料**

海虾壳 100 克；

⬇

黄油适量，西芹 20 克，胡萝卜 20 克，白洋葱 20 克，亨氏番茄膏 20 克；

⬇

香叶 2 片，百里香 5 根，白兰地 20 毫升，白葡萄酒 30 毫升；

⬇

黑胡椒粉、盐适量；

⬇

淡奶油 30 克。

**◎意面主料**

意大利面 80 克；

白洋葱 20 克，大蒜 1 个，虾肉 8 个，白酒少量；

⬇

芦笋 2 根，【虾汁】，【面条】。

## ◎奶油虾汁做法

1 烤箱预热至230℃，虾壳冲净沥干水分，入烤箱烤干，备用。

2 取锅，热黄油，将西芹、胡萝卜、白洋葱炒软炒香，加入番茄膏炒出颜色，加入虾壳。

3 加入热水，大火烧开，加入香叶、百里香、白兰地、白葡萄酒，转小火慢熬收汁。

4 过筛，汤汁回锅。

5 大火收浓稠，加入盐和胡椒粉调味，关火。

6 拌入淡奶油，制成奶油虾汁。

## ◎整体做法

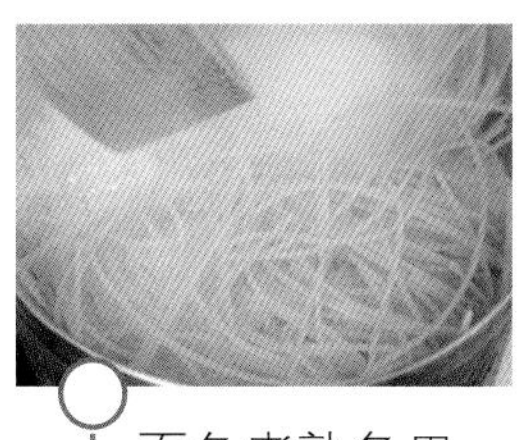

1 面条煮熟备用。

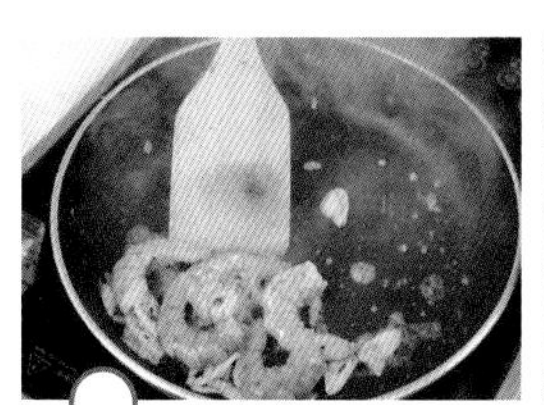

2 炒锅中热油，将白洋葱片和大蒜片炒香，加入虾肉煸熟，喷点白酒挥发。

3 加入芦笋段和煮好的虾汁，最后加入面条，翻炒融合即可。

# 烟肉配奶汁拌面

◎**原料**

意大利直面 80 克，盐适量，橄榄油适量；

鸡蛋 1 个，帕玛森奶酪粉 10 克；

黄油适量，白洋葱丝 5 克，大蒜片 3 克，白葡萄酒适量，培根（切小片）1 片，芦笋（切段）2 根；

【蛋黄芝士酱】；

【意面】，淡奶油 10 克，罗勒叶少许，盐少许，胡椒粉少许。

◎**做法**

1 水倒入锅中烧开，加入盐和油，下面条，轻轻搅动，面条至八分熟捞出，拌少许油备用。

2 鸡蛋取蛋黄，加入奶酪粉拌匀，成蛋黄芝士酱备用。

3 炒锅中入黄油，将洋葱、大蒜炒香，喷点白葡萄酒挥发，加入培根片和芦笋段煸熟。

4 上步成品稍凉后拌入步骤 2 的蛋黄芝士酱中。

5 意面也拌入以上碗中，加入淡奶油、罗勒叶、盐和胡椒粉，拌匀即可。

◎**原料**

水适量，盐少许，小青口 2 个，花蛤蜊 4 个；

墨鱼汁 5 克；

贝壳面 100 克；

橄榄油少许，白洋葱 30 克，大蒜片 3 克，【海鲜】，白兰地适量；

【墨鱼面汁】；

【贝壳面】；

淡奶油少许，盐少许，胡椒少许；

罗勒叶少许，奶酪粉少许。

# 墨鱼汁烩面

◎**做法**

1 锅中烧点水，加盐，等水烧开后，将小青口和蛤蜊入锅烫 15 秒后捞出，过筛沥出汤汁。

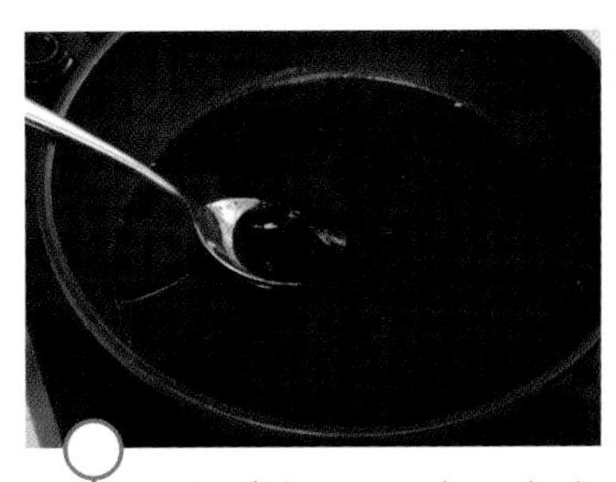

2 墨鱼汁加入汤汁，小火收汁为面汁。

3 贝壳面煮至八成熟，拌油，备用。

4 炒锅中，加热橄榄油，将洋葱和大蒜爆香，加入青口和蛤蜊翻炒，喷入白兰地挥发。

5 倒入步骤 2 的墨鱼汁。

6 加入贝壳面，烩至融合。

7 关火，拌入淡奶油、盐和胡椒粉适量调味。

8 出锅装盘，撒上罗勒叶和奶酪粉即可。

# 美式夏威夷披萨

**◎披萨酱原料**

去皮番茄 2 大桶（3 千克），糖 60 克，盐 60 克，橄榄油 400 克，黑胡椒粉 10 克，披萨草 20 克，罗勒叶少许。

**◎披萨酱做法**

将番茄切碎入沙司锅，大火烧开后，改小火慢熬，熬出一半的水分，关火静置冷却。加入盐、糖、罗勒叶、橄榄油、黑胡椒粉、披萨草搅拌均匀即可。

**◎面包体原料**

牛奶 260 克，橄榄油 15 克；

⬇

糖 10 克，盐 10 克；

⬇

高筋面粉 500 克，低筋面粉 500 克。

⬇

酵母 12 克，温水 240 克。

**◎披萨顶料**

【披萨酱】；

⬇

菠萝肉 70 克，火腿肉 40 克；

⬇

马苏里拉芝士 80 克。

◎**整体做法**

1 将牛奶和橄榄油加入盆中。

2 拌入糖和盐。

3 向盆中筛入高、低筋面粉，而后倒入前面置备的牛奶橄榄油。

4 另先将酵母溶于温水，而后向盆中拌入酵母液。

5 将面团揉至无颗粒无气泡表面光滑，封上保鲜膜，入 40 ~ 50℃的烤箱发酵 35 分钟，发至 1.5 ~ 2 倍大后取出。

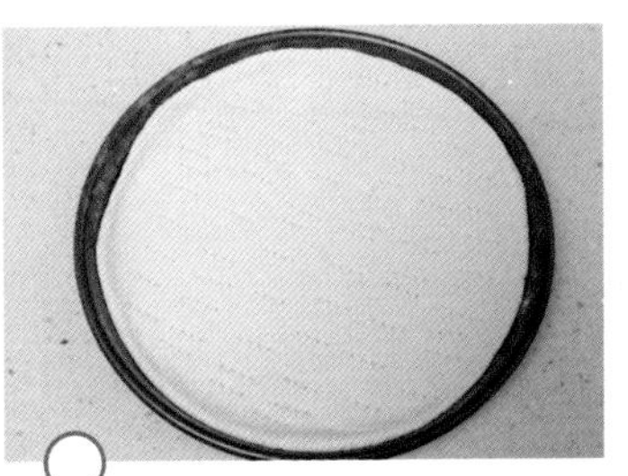

6 面团称 270 克左右，擀平成所需的尺寸，放入烤盘，用叉子扎均匀的洞眼。烤箱预热至 300℃，烤 15 分钟。

7 在饼皮上涂一层披萨酱。

8 将菠萝肉挤干水分切丁撒入，再撒上火腿丁。

9 最后撒上马苏里拉芝士碎。

10 入烤箱烤至芝士融化、饼底上色即可。

# 意大利薄饼披萨

◎**面包体原料**

鸡蛋 2 个，白糖 40 克，牛奶 160 克，黄油 100 克，橄榄油 40 克，吉士粉 20 克，盐 10 克；

↓

泡打粉 5 克；

↓

酵母 20 克，温水 120 克；

↓

高筋面粉 1000 克。

◎**披萨酱**

1 将去皮番茄 2 大桶（3千克）切碎，入沙司锅，大火烧开小火慢熬，熬出一半的水分，关火静置冷却。

2 加入糖 60 克，盐 60 克，橄榄油 400 克，黑胡椒粉 10 克，披萨草 20 克，罗勒叶少许，搅拌均匀即可。

◎**披萨顶料**

【披萨酱】；

↓

马苏里拉芝士碎 50 克，小番茄 8 个；

↓

橄榄油少许，罗勒叶少许，水牛芝士 1 个。

## ◎整体做法

1 将鸡蛋、白糖、牛奶、黄油、橄榄油、吉士粉、盐、泡打粉搅拌在一起。

2 酵母用温水化开后也加入。

3 加入面粉。

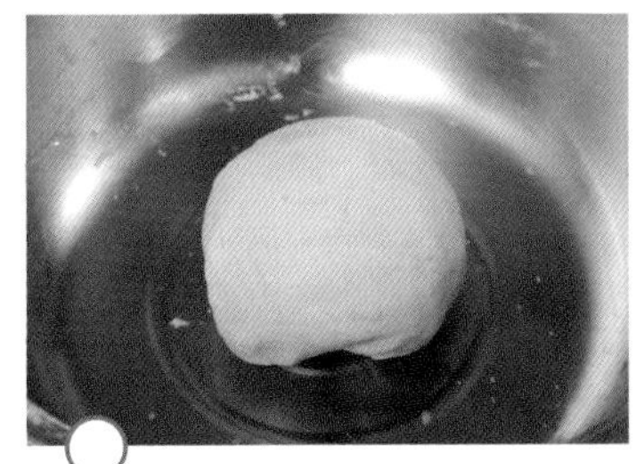

4 将以上食材揉成表面光滑的面团，用保鲜膜包紧，入 40 ~ 50℃的发酵箱醒发，醒发 35 分钟至 1.5 ~ 2 倍大即可。

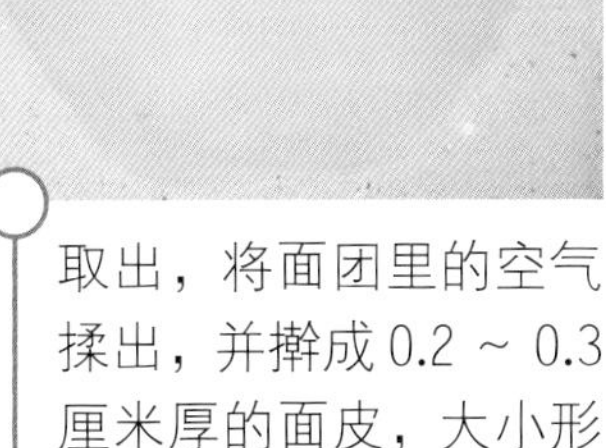

5 取出，将面团里的空气揉出，并擀成 0.2 ~ 0.3 厘米厚的面皮，大小形状可以根据个人需要而定。

6 烤箱预热至 240℃。烤盘涂上一层薄薄的面粉，放上面皮，用叉子在面皮上扎均匀的小眼。

7 均匀涂上披萨酱，撒上马苏里拉芝士碎，摆上小番茄圈。

8 在烤箱里烤到芝士融化略微上色时取出。在表面涂一点橄榄油，均匀放上水牛芝士片和罗勒叶，即可食用。

◎**原料**

卷饼皮 2 张；

意大利肉酱（参考意大利面—肉酱制作）100 克；

番茄汁（参考意大利面—意式茄汁制作）20 克，白酱 20 克；

马苏里拉芝士 30 克。

# 意大利碎肉卷

◎**做法**

1 将卷饼皮浸水软化。

2 将饼皮修成两片大小均匀的长方形面皮，在每片皮当中放上肉酱。

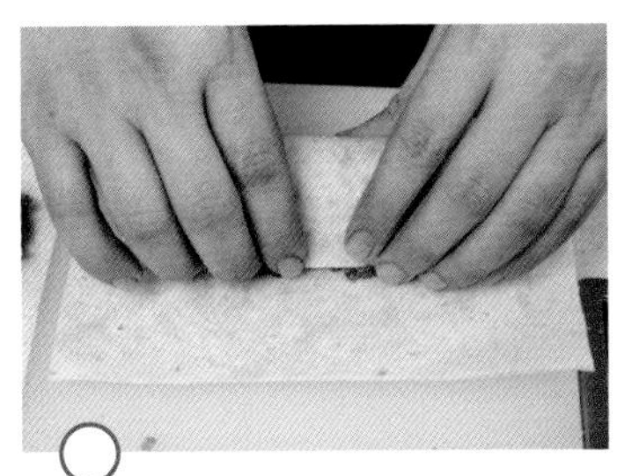

3 将皮卷起，接口处压好。

4 烤箱预热至 230℃。找一烤盘，在烤盘上涂上番茄汁，摆上肉卷，在肉卷上再涂上一层番茄汁；涂上白酱，撒上马苏里拉芝士；入烤箱烤上色。

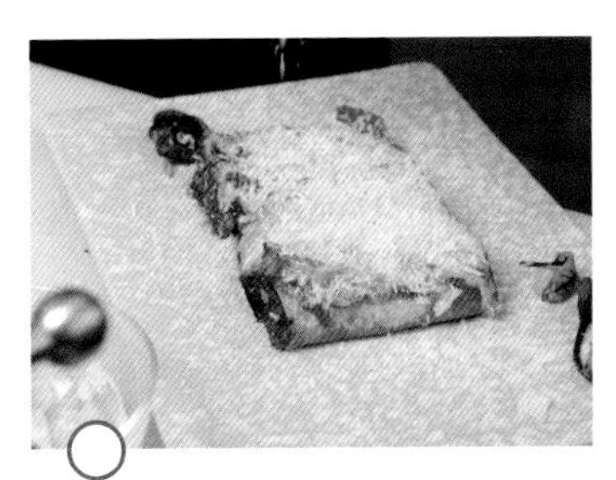

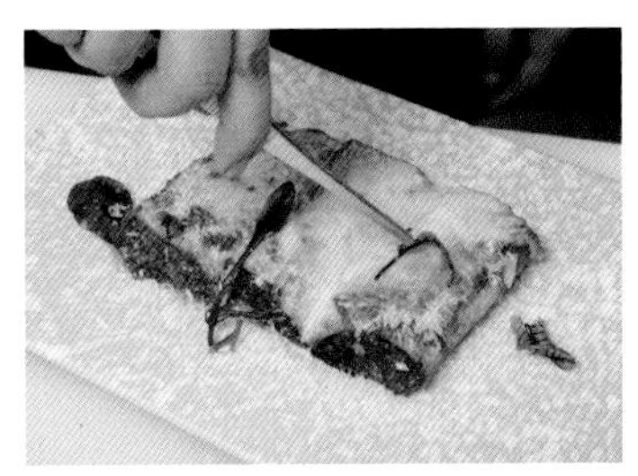

5 再在表面撒一些芝士丝，用喷火枪烤化，再用小蔬菜点缀。

◎**原料**

黄油 100 克；

糖 120 克，盐 5 克，泡打粉 30 克；

⬇

小麦面粉 350 克，温水适量；

⬇

鸡蛋 3 个；

⬇

【黄油】；

⬇

水果糖浆适量。

◎**做法**

1 将黄油隔温水化开。

2 另取盆，在盆中放入糖、盐、泡打粉，用少许温水搅拌起泡成糊状。

3 加入面粉搅拌，如果搅拌不动就加入适量温水。

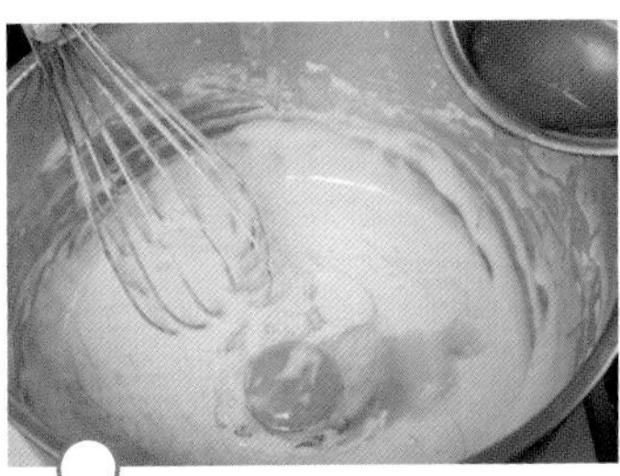

4 加入鸡蛋，拌匀；再分3～4次将步骤1的黄油加入。

5 全部搅拌成稀糊，封上保鲜膜，室温醒发30分钟。

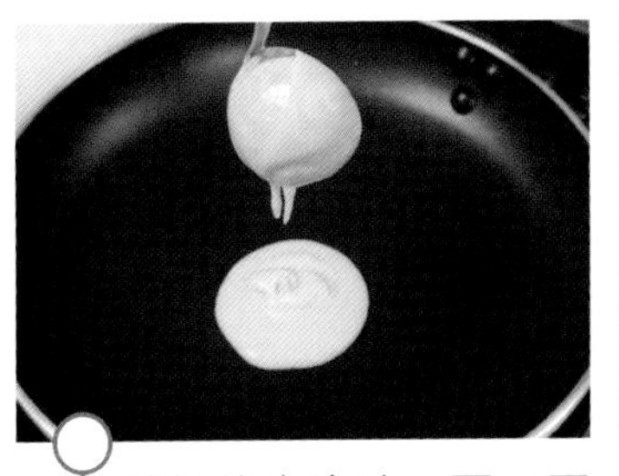

6 煎锅热少许油，再用厨房纸擦干，小火加热，取一小勺面糊小心注入锅中。

7 煎至饼底部呈灰褐色，翻面稍煎即可。

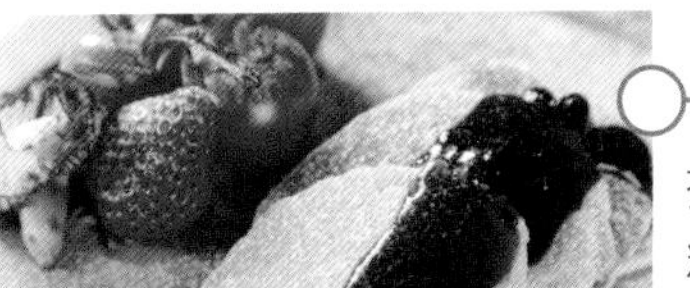

8 摆盘，配上水果糖浆风味更佳。

# 香辣鸡肉卷配墨西哥番茄莎莎

◎**饼皮原料**

中筋面粉 420 克，泡打粉 3 克，盐 5 克；

⬇

橄榄油 70 克；

⬇

温水 250 克。

◎**蛋黄甜椒酱原料**

蛋黄酱 120 克，特级甜椒粉 6 克，辣椒籽少许，盐少许。

◎**鸡肉条原料**

鸡腿去骨肉 1 块，盐少许，黑胡椒粉少许，白葡萄酒少许；

⬇

面粉少许，牛奶 60 克，鸡蛋 2 个；

⬇

面包糠 20 克；

◎**鸡肉卷整体原料**

【饼皮】；

⬇

【蛋黄甜椒酱】；

⬇

黄瓜片 10 克，生菜叶 2 片，【鸡肉条】。

◎**番茄莎莎原料**

大番茄 1 个，罗勒叶 3 ~ 5 片，洋葱丁 10 克，橄榄油少许，盐，胡椒粉，柠檬汁少许。

### ◎做法

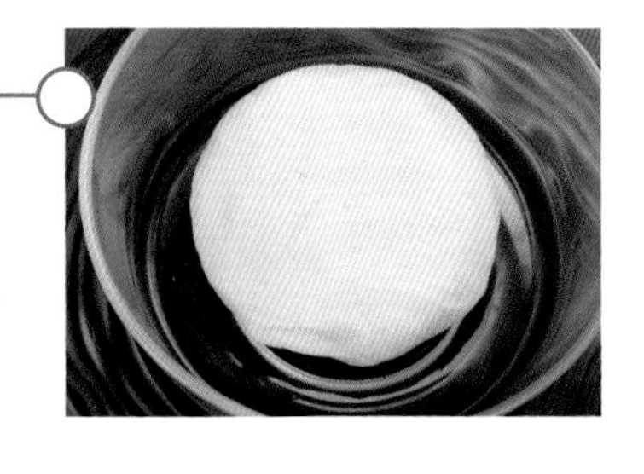

1 将中筋面粉、泡打粉、盐混到一起，入搅拌机低速搅拌，边搅拌边缓缓加入植物油，让面粉呈颗粒状。
再缓缓加入温水，最后用高速搅拌至面团表面光滑即可。

2 取出面团，封上保鲜膜，室温醒发 30 分钟。

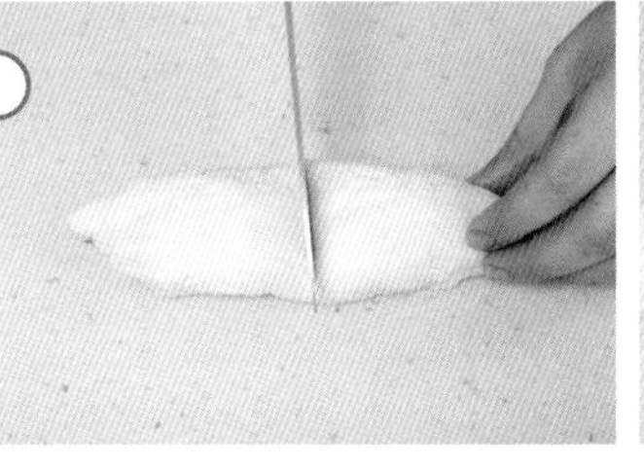

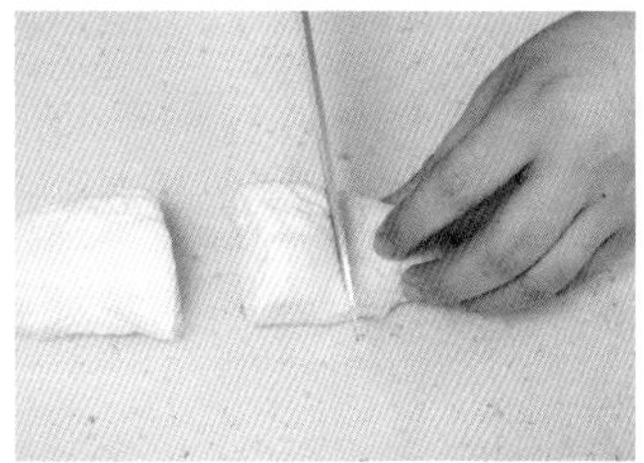

3 时间到，将面团揉成均匀的长条，在当中下刀切成 2 个等份，再将每份切 2 个等份，再每份切 2 个等份，一共分成 8 个等份。

4 将每个面团揉成圆球形，再封上保鲜膜松弛 30 分钟。

5 时间到，将每个面团擀成 26 ~ 28cm 的圆面皮。

6 蛋黄甜椒酱制作：将各原料搅拌均匀即可。

7 鸡肉条制作：
鸡腿肉用盐、胡椒粉、白葡萄酒腌制 30 分钟；然后先沾上一层薄薄的面粉，再浸泡在牛奶和鸡蛋的混合液中；最后沾上面包糠；入 150 ~ 160℃的油锅炸熟，切条。

8 煎锅加热后关火，将饼皮放入，余温摊熟。

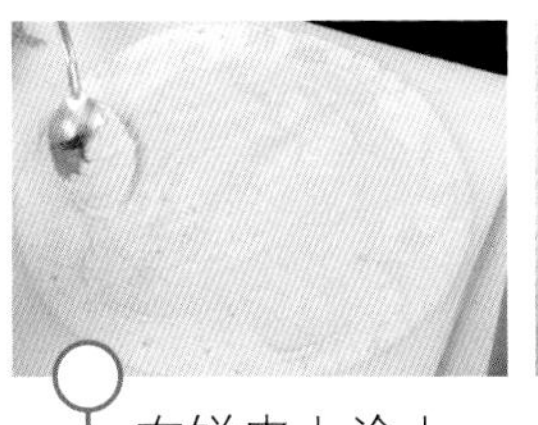

9 在饼皮上涂上一层蛋黄甜椒酱。

10 摆上黄瓜片和生菜叶，最后摆上鸡肉条，卷起来即可。

11 番茄莎莎制作：将大番茄去芯，切丁，拌入罗勒叶、洋葱丁、橄榄油。

12 加入盐、胡椒粉拌匀，挤入柠檬汁，制成番茄莎莎，装入小碗，随肉卷附上。

### ◎原料

洋葱 20 克，大蒜 10 克，去皮番茄 50 克，青、黄彩椒各半个，青、黑橄榄各 3 个；

小青口 5 个，蛤蜊 6 个，海虾 15 只，鱿鱼 20 克；

↓

柠檬 1 个，白葡萄酒适量；

橄榄油 15 克，

↓

【洋葱末，彩椒丁，大蒜末，番茄泥】；

↓

意大利米 150 克；

↓

白酒适量；

↓

【海鲜汤】，藏红花少许，【去皮番茄泥】；

↓

【青口、蛤蜊】；

↓

【虾肉、鱿鱼】；

↓

【橄榄圈】。

# 西班牙海鲜烩饭

◎**做法**

1 洋葱切末，彩椒切小丁，大蒜切末，去皮番茄切泥，青黑橄榄切圈备用。

2 将所有的海鲜小料清洗干净。沙司小锅烧半锅水，加入一点柠檬汁、白酒烧开，将海鲜小料加入烫 10 秒左右，捞出过凉水备用。烫海鲜的水用大火收浓，制成海鲜汤备用。

3 锅中加热橄榄油，加入步骤 1 的洋葱末和彩椒丁炒香，再加入大蒜末煸香，下意大利米，炒干，喷点白酒挥发。

4 加入步骤 2 的海鲜汤至淹过米，加入藏红花、番茄泥，边中火加热边搅拌，搅拌至汤汁被米饭吸干，大约 5 分钟。

5 时间到，加入青口、蛤蜊，加汤小火煮不必搅动。

6 大约 5 分钟后，摆上虾肉、鱿鱼，撒橄榄圈，而后放入烤箱，烤至海鲜熟透、上色即可。

# 羊肉牧羊人

**◎土豆泥原料**

土豆 300 克；

↓

黄油 30 克，豆蔻粉 1 克，白胡椒少许，盐少许。

**◎其他原料**

羊肉糜 1000 克，迷迭香叶 2 克；

西芹 100 克，胡萝卜 100 克，白洋葱 100 克，橄榄油少许；

↓

番茄泥 50 克，黑胡椒少许；

↓

【羊肉糜】，红酒 80 毫升；

↓

【土豆泥】；

↓

帕玛森芝士粉 5 克。

◎**做法**

1 将土豆放入 180℃烤箱内烤 40 分钟至熟透取出，去皮压成泥状；
放入锅中加入其他材料调味，待用。

2 另取不粘锅，放入羊肉糜，加少许迷迭香叶炒熟，再压碎开待用。

3 另取锅，西芹、胡萝卜、洋葱切成小丁，热锅加少许橄榄油，放入上述小丁煸香；
再加入番茄膏与少许黑胡椒，再次煸香。

4 继续向锅中放入步骤 2 炒好的羊肉糜，加入红酒，待酒精挥发；后加水煮沸，小火熬制 2 小时。途中水分干掉须添加，须不时刮锅底防止粘锅。

5 将熬制好的羊肉装入深碗中，再将调好的土豆泥平铺表面。

6 再撒入一层芝士粉。

7 放入烤箱烤至芝士融化上色即可。

# 菠菜烩土豆丸子

**◎土豆丸子原料**

土豆泥1000克，鸡蛋1个，高筋面粉400克，芝士粉50克。

**◎菠菜酱原料**

菠菜300克，黄油适量，淡奶油适量，白胡椒少许，海盐少许。

**◎顶部原料**

帕尔玛（Parma）火腿5片，芝麻生菜少许，帕马森（Parmesan）芝士粉少许。

◎**做法**

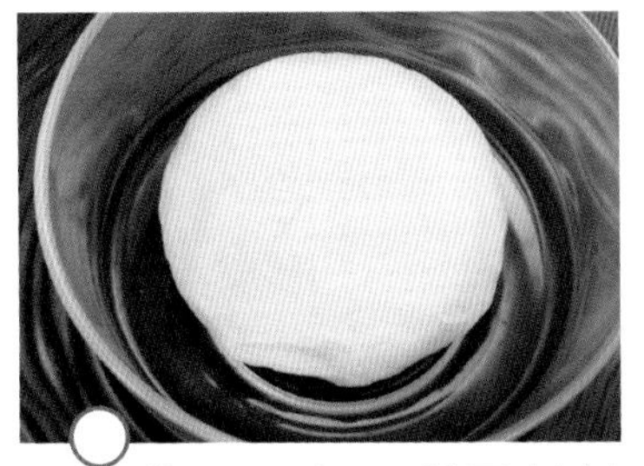

1 将土豆丸子所需材料揉均匀。

2 将土豆丸子用水煮熟，备用。

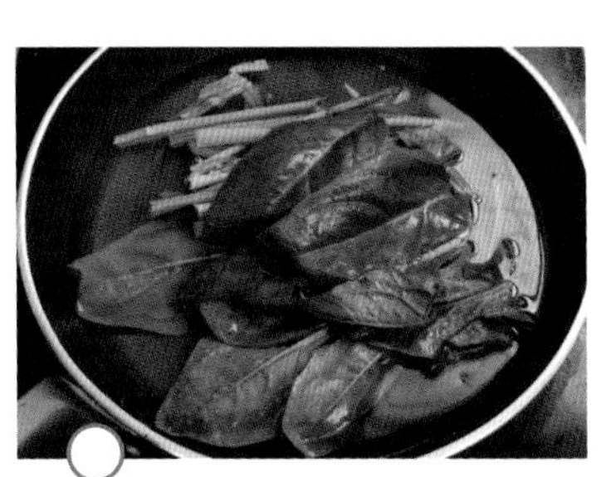

3 将清洗好的菠菜放入锅中加水煮开，加入其他菠菜酱原料，放入搅拌机打碎，过滤出汁。

4 用菠菜酱小火煮土豆丸子，大约3～5分钟。

5 煮好摆盘，撒上火腿片、芝士粉、芝麻菜。

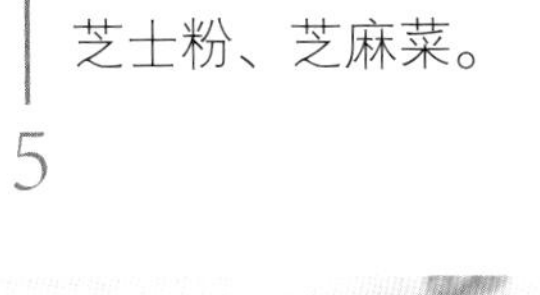

# 塔克斯玉米片

◎**原料**

6 寸（15 厘米）玉米饼 1 袋；

⬇

肉酱（参考意大利面篇一肉酱的制作）200 克，红腰豆 20 克，墨西哥辣椒圈（罐装）10 克；

⬇

球生菜 5 克；

⬇

马苏里拉芝士 20 克；

⬇

酸奶油 30 克，调味酱：盐少许，番茄膏适量，洋葱 25 克，黑胡椒粉 2 克，黄油 10 克。

◎**做法**

1 玉米饼对折放入 170℃油锅炸定型取出，备用。生菜切丝，备用。

2 向肉酱拌入红腰豆、辣椒圈，而后一起填入玉米饼。

3 将生菜丝填入玉米饼。

4 撒上马苏里拉芝士碎，食用时配上酸奶油与调味酱。

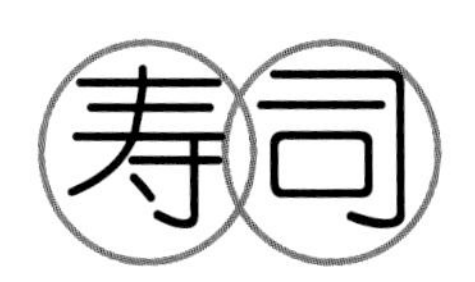

# 寿司

## A 制作寿司饭

◎**原料**

白菊醋 200 克，白砂糖 180 克，盐 30 克；

珍珠大米 1 千克，色拉油少许。

◎**做法**

1 制作寿司醋：
取白菊醋、白砂糖、盐，将三者放入锅中，根据口味调节酸度即可。

2 制作米饭：
将大米煮熟透，煮的同时加入少许色拉油。
将煮好的大米放入盆中堆积在一边。
取寿司醋，量相当于大米体积的 1/4，加入米饭中拌匀。
密封。

## B-1 制作握寿司

◎**原料**

寿司饭 1 握，鱼片 1 片。

◎**做法**

1 将米饭团握成椭圆形。

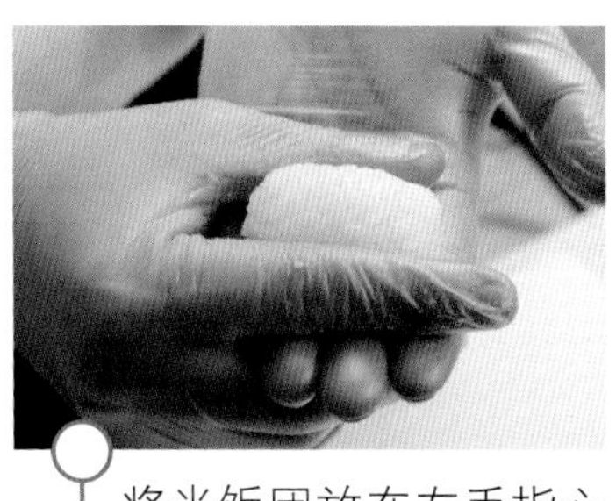

2 将米饭团放在左手指心上，用右手夹成长形。

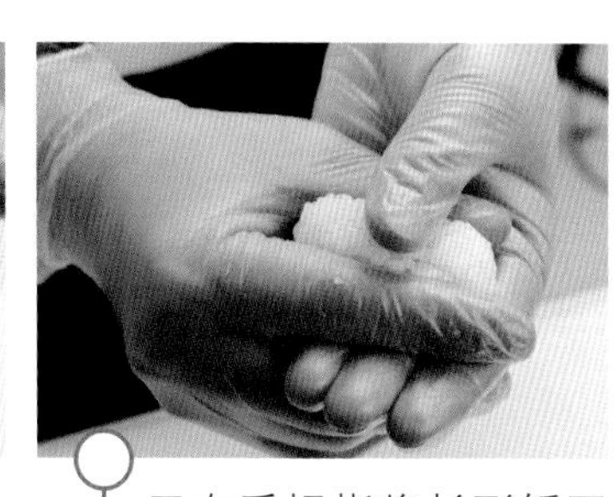

3 用左手拇指将长形饭团压至与右手食指平行。

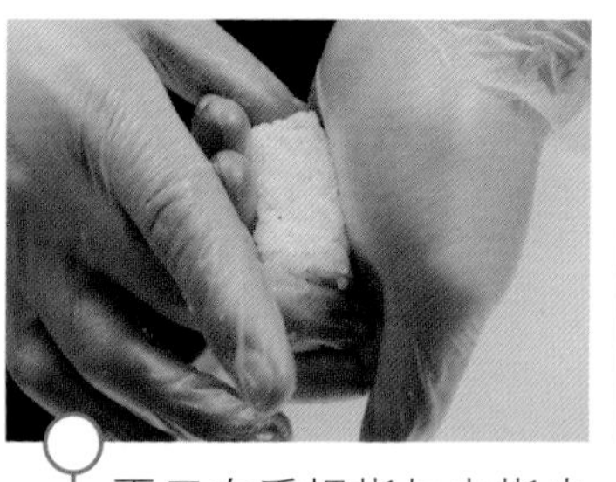

4 再用右手拇指与中指夹平饭团两头。

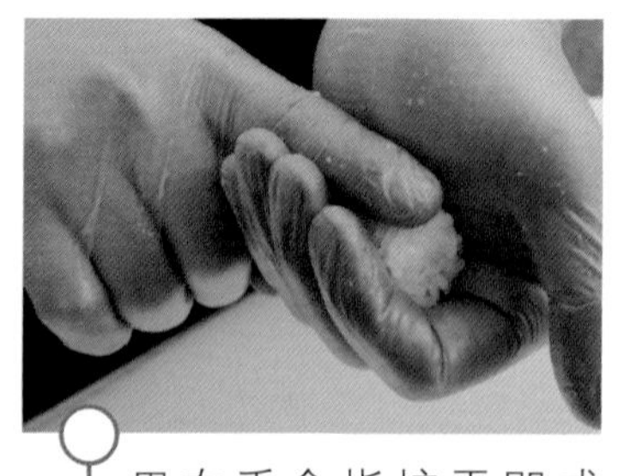

5 用右手食指按平即成形。而后在表面放上生鱼片等食材。

## B-2 制作小卷寿司

### ◎原料

寿司饭适量，海苔半张，青瓜等瓜类适量。

### ◎做法

1 在竹席上铺一层保鲜膜，放半张海苔，再铺上薄薄一层米饭。

2 饭团中间放入青瓜条，用手指按住，将竹席从己侧卷起。

3 竹席卷至米饭铺到的末尾处落下，不覆盖无米饭处。

4 最后让海苔自身全部卷起。

5 将小卷从中间部分切成 2 段后，再各切 2 刀共成 6 块即可。

# B-3 制作反卷寿司

◎**原料**

寿司饭适量，海苔半张，胡萝卜、青瓜等瓜类适量，芝麻少许。

◎**做法**

1 在竹席上铺保鲜膜，再铺上米饭，覆盖竹席三分之二部分。

2 放入半片海苔，预留五分之一部位无海苔。

3 在海苔中间放入蔬菜，将竹席从己侧开始卷起。

4 将竹席顶部卷至无海苔处落下。

5 最后让米饭自身全部卷起，用手指控制形状成正方形。

6 将饭团两头多出来的米饭压进竹席内。

7 将成型的米饭卷裹上芝麻。

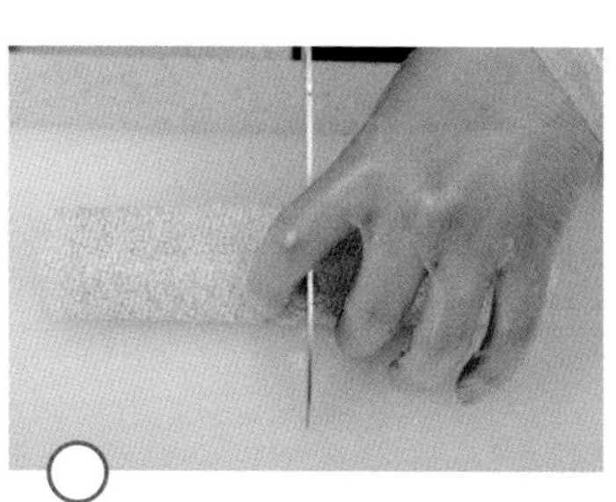

8 切块。

# 韩式石锅饭

◎**米饭原料**

芝麻油 5 克；

⬇

熟米饭 160 克；

⬇

【酱汁】。

◎**酱汁原料**

韩国辣酱 1500 克，白砂糖 120 克，色拉油 100 克，雪碧 15 克，香油 60 克，高汤 400 克，黑胡椒粉 5 克，白芝麻少许，味精 1.5 克，大蒜 60 克。

◎**配菜原料（各适量）**

香菇丝、金针菇、鸡腿菇丝（以上沸水煮熟后冷却）；胡萝卜丝、菠菜丝、豆芽各适量（以上焯水）；荷包蛋黄，海苔丝，芝麻。

◎**做法**

1 将所有酱汁材料煮沸，并搅拌均匀。

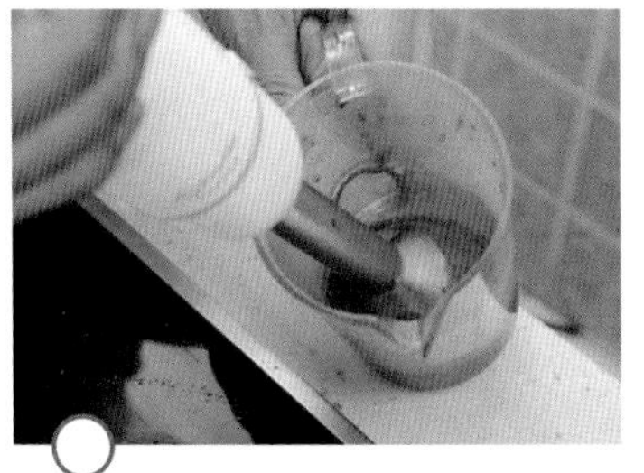

2 再将酱汁材料用打碎机打碎。

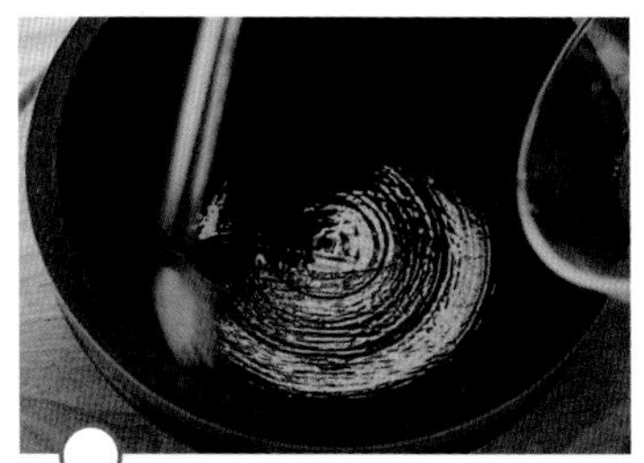

3 将石锅放入烤箱烤热后取出，刷上一层芝麻油。

4 放入米饭，放入 2 勺熬好的酱汁。

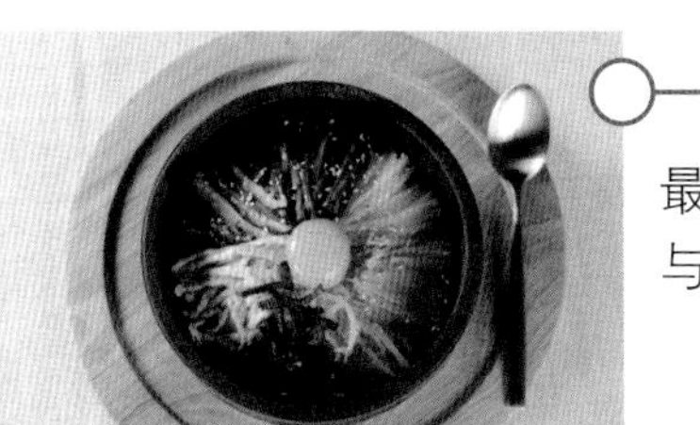

5 最后摆上切好的蔬菜与其他材料即可。

# 日式照烧鸡饭

◎**照烧汁原料**

清酒 15 克；

↓

浓口酱油 30 克，红糖 20 克，味淋 20 克，鸡骨 1 个，木鱼花 5 克。

◎**整体原料**

鸡腿肉 1 块，【照烧汁】，盐适量；

米饭 180 克；

↓

胡萝卜碎 20 克，白洋葱碎 25 克；

↓

鸡蛋一个；

↓

清酒 30 克，味淋 30 克，木鱼精 3 克；盐少许；

↓

【鸡腿肉】；

↓

【照烧汁】，白芝麻少许。

◎**做法**

1 清酒加入锅中点燃挥发酒精，加入其余酱汁熬制。

2 熬制好后过滤，制成照烧汁。

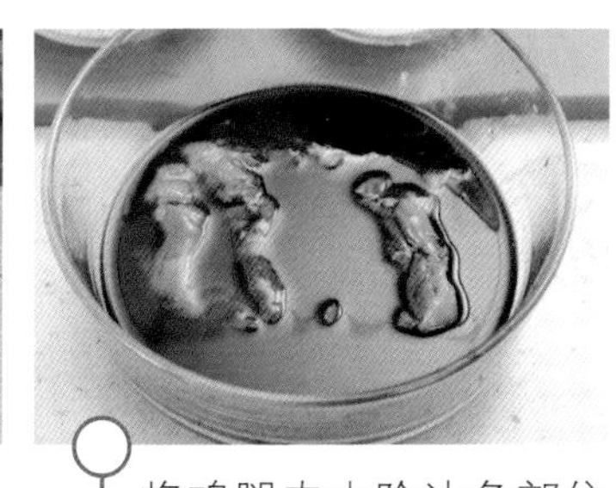

3 将鸡腿肉去除边角部位与皮，洗净，用照烧汁、少许盐腌制 30 分钟。

4 将米饭煮熟；后用胡萝卜碎、洋葱碎炒香；再拌入一个整蛋炒至干；洒入少许清酒、味淋，用木鱼精、盐调味后倒入石锅中。

5 将腌制好的鸡腿肉放入预热至 180℃的烤箱烤 10 ~ 12分钟，熟透后取出切块；鸡腿肉摆到米饭上面，倒入少许照烧汁，撒入少许炒香的芝麻即可。

# 波士顿龙虾

◎**龙虾原料**

龙虾 1 只；

⬇

白葡萄酒适量，白胡椒粉适量，海盐少许；

圣女果（对半开）100 克，干葱丝 10 克，蒜片 10 克，黄油适量，罗勒叶 3 克，黑胡椒碎，海盐少许；

橄榄油适量；

⬇

【龙虾】；

⬇

【圣女果等】。

## ◎龙虾做法

1 龙虾对半开，取出泥肠。

2 用白酒、白胡椒、盐稍微腌制3～5分钟待用。

3 热锅放油，加入干葱、蒜煸香；加入圣女果（对半开）煸软；再加入黄油，用罗勒叶、黑胡椒、盐调味后即可收锅。

4 热锅入橄榄油，将腌制好的龙虾煎至两边上色、香味飘出后，取出放入烤盘。

5 将炒好的圣女果等铺在龙虾肉表面，放进180℃的烤箱烤7分钟即可取出装盘。

## ◎配菜沙拉

取适量芒果丁、圆生菜、红边生菜、苦菊生菜、红洋葱圈，用红酒醋、黑胡椒、海盐微拌。

# 勃艮第红酒烩牛肉

◎**原料**

牛肉 300 克，盐少许，胡椒粉少许，百里香 6 根，红酒 40 毫升；

洋葱 60 克，胡萝卜 30 克，西芹 40 克，黄油少许；

【牛肉】；

↓

红酒 40 毫升；

↓

【蔬果】，牛基础汤 500 毫升，红酒 20 毫升；

↓

培根 20 克；

↓

蘑菇 80 克，盐少许，胡椒粉少许。

◎**做法**

1 牛肉切大块，加入盐、胡椒粉，用红酒 40 毫升腌制 40 分钟。

2 洋葱、胡萝卜、西芹切块，用黄油炒熟备用。

3 煎锅热油，将腌制的牛肉块煎至表面变色，大约 3 分钟之后，倒入红酒 40 毫升，小火熬至收汁一半。

4 将步骤 2 的蔬果加入炖锅，加入牛基础汤、百里香，倒入红酒 20 毫升，大火烧开后用小火慢炖，大约炖 1.5 ~ 2 小时，使牛肉肉质酥烂适口。

5 全部过筛，将汤汁回锅；再夹取牛肉回锅。

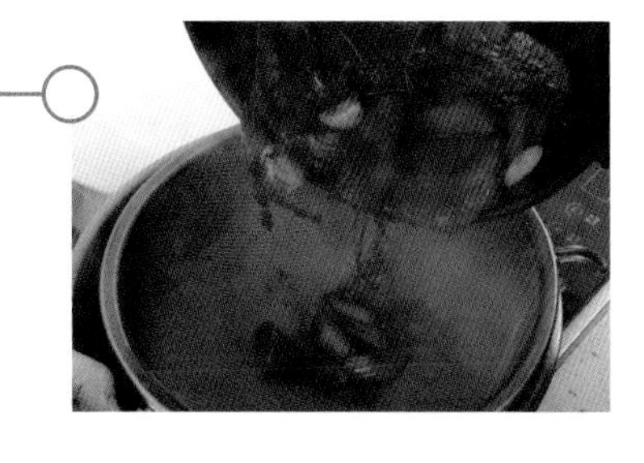

6 加入培根收味，熬至汤汁浓郁。

7 加入蘑菇煮熟，用盐和胡椒粉调味。

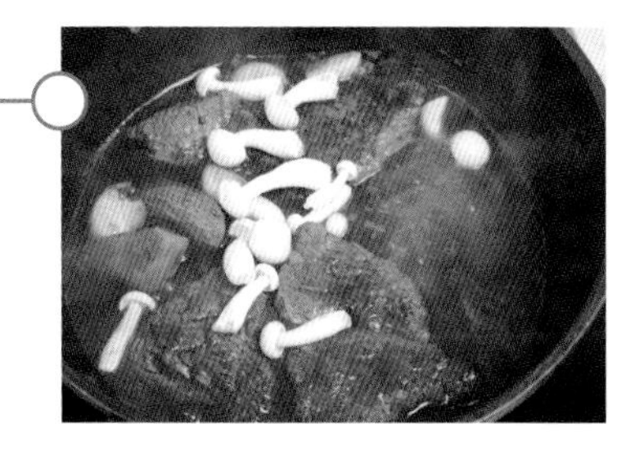

# 普罗旺斯煎小羊排

◎**羊排和配菜原料**

法式带骨小羊排 4 根;

↓

红酒 20 毫升，盐适量，黑胡椒粉适量;

↓

橄榄油适量;

↓

罗勒叶 5 克，迷迭香 2 根，百里香 3 根，面包糠适量;

↓

第戎芥末酱 20 克;

↓

【土豆泥】，荷兰豆 2 根，小番茄 2 个。

◎**土豆泥原料**

土豆 1 个，盐少许;

↓

熟培根末 5 克，白胡椒粉 1 克，淡奶油 10 克，黄油 10 克，盐适量。

◎**羊排做法和摆盘**

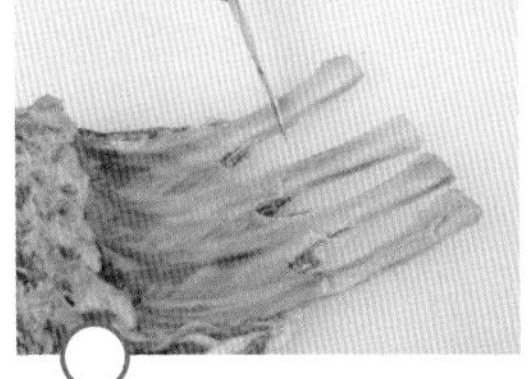

1 将羊排长骨上的筋膜刮干净，多余的肥肉也剔除。

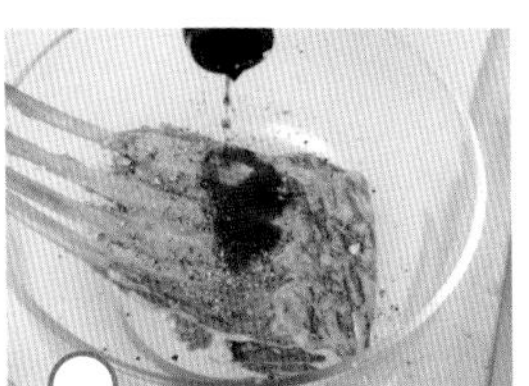

2 用红酒、盐和黑胡椒粉腌制 2 小时左右。

3 取煎锅热橄榄油，将羊排表面煎至上色，大约三成熟。

4 将罗勒叶、迷迭香和百里香切细碎，和面包糠一起拌匀。

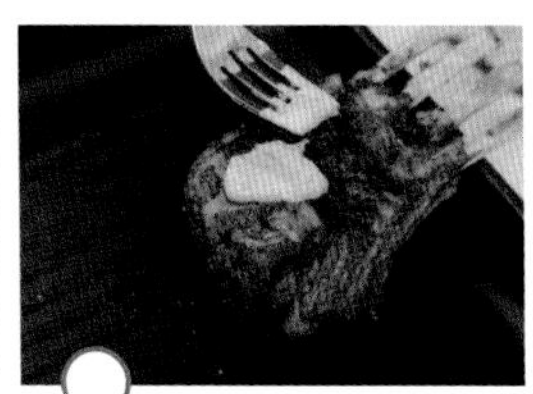

5 将第戎芥末酱均匀涂抹在羊排上。

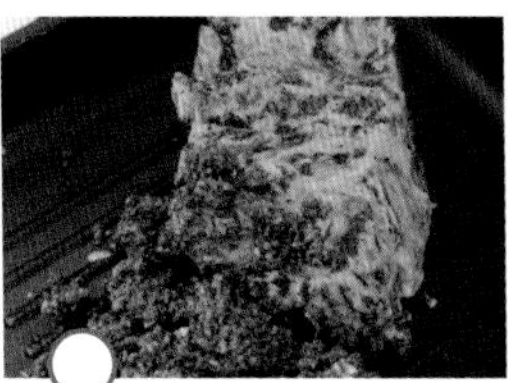

6 再将步骤 4 香料均匀涂抹在羊排上。

7 羊排入 180℃烤箱，烤至七分熟。

8 取出静置 2 分钟，与土豆泥、荷兰豆、小番茄一起摆盘。

◎**土豆泥做法**

1 土豆削皮,入水锅加少许盐煮烂。

2 取出压成泥。

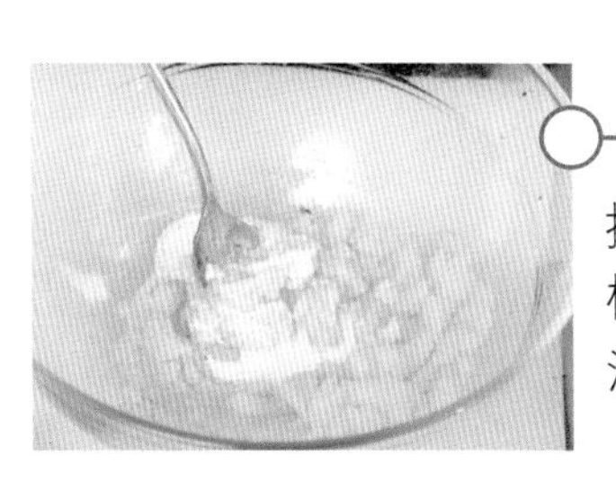

3 拌入培根末、白胡椒粉、淡奶油、黄油和盐制成土豆泥。

◎主菜原料

盐120克，百里香5根，迷迭香2根，小干葱2个，蒜头2个；

⬇

鸭腿4只；

⬇

鸭油800克；

⬇

祖母土豆6个；

【鸭腿】；

洋葱碎3克，黄油3克，【土豆】，百里香少许，盐少许，胡椒粉少许。

◎配汁原料

黄油适量，洋葱10克，大蒜5克，迷迭香碎3克；

⬇

红酒20毫升，布朗汁100毫升；

⬇

盐少许。

# 加斯尼克油封鸭腿

### ◎整体做法

1 将盐、百里香碎、迷迭香碎、小干葱、蒜片混合；放入鸭腿均匀地涂抹包裹；而后将鸭腿封上保鲜膜，入冷藏室腌制 12 小时。

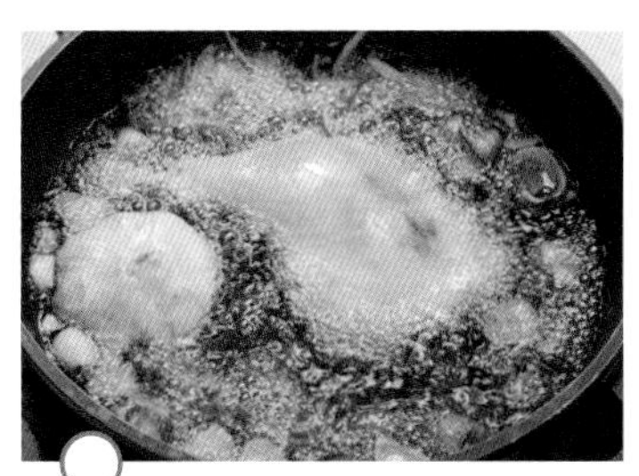

2 起油锅，将上一步腌鸭腿后碗中剩下的调料投入，将腌制好的鸭腿放入，倒入鸭油，以 90℃低温炸 30 分钟至鸭腿熟透，捞出鸭腿待用。

3 将土豆对半切开，放入上一步的油锅中，用 160℃油温炸至熟透，捞出待用。

4 将低温炸好的鸭腿入不粘锅，放少许油煎至表面金黄，而后入烤箱烤制 3 ~ 5 分钟。

5 另起锅，放入黄油加入洋葱碎炒香，加入炸熟的土豆翻炒，放入少许百里香、胡椒、盐调味。

6 将以上成品摆盘，配上迷迭香红酒汁即可。

### ◎配汁做法

1 热锅后加入黄油，再加洋葱、大蒜和迷迭香碎炒香。

2 加入红酒后煮温热，加入布朗汁，小火慢熬至汁水收一半量。

3 过筛后取汁水回锅，大火烧至稍微收汁，关火，加盐调味，成迷迭香红酒汁。

**◎猪扒原料**

猪里脊肉 120 克；

⬇

黑胡椒少许，海盐适量；

⬇

熟火腿 30 克，马苏里拉芝士片 30 克；

⬇

面粉20克，鸡蛋2个，黄面包糠40克。

**◎塔塔酱原料**

蛋黄酱100克，鸡蛋白1个，红葱末5克，蜂蜜 8 克，胡萝卜 10 克，俄式酸青瓜 20克，纯牛奶20克，高洛大藏芥末6克，白砂糖 5 克，西芹 5 克。

# 蓝带猪扒

### ◎猪扒与整体做法

1 将猪里脊包上一层保鲜膜，用肉锤拍到形状比原来大一倍。

2 取出肉，用胡椒和盐腌制 30 分钟。

3 将腌制好的猪肉铺开，在上面铺火腿片，再铺芝士片。而后抬起猪肉的一边将猪肉对折，从而让火腿与芝士包裹在里面。

4 在猪肉表层沾上少许面粉，再沾上鸡蛋液，再沾上黄面包糠。

5 将油温恒温在 170℃左右，加入成形的猪扒炸至熟透。

6 将猪扒吸干油分，对半斜切开，装盘，配上塔塔酱等。

### ◎塔塔酱做法

将所有材料切碎，放入搅拌机，启动开关打均匀即可。

# 惠灵顿牛排

◎**原料**

牛里脊肉 300 克；

⬇

百里香 8 根，红酒 50 毫升，干葱丝、盐、胡椒粉适量；

白蘑菇 15 克， 香菇 15 克，松露 10 克；

起酥皮 1 张；

⬇

培根 30 克，【菌菇碎】，【牛里脊肉】。

## ◎做法

2 用百里香、红酒、干葱丝、盐、胡椒粉将牛里脊腌制2小时。

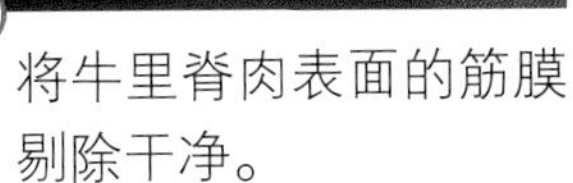

1 将牛里脊肉表面的筋膜剔除干净。

3 将白蘑菇、香菇、松露切丁，放入平底锅炒熟（不调味不加油）。

4 取煎锅高温热油，将腌制好的牛排表面煎30秒备用。

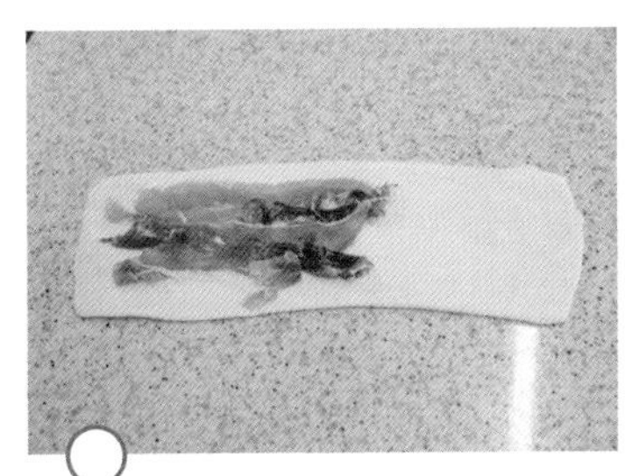

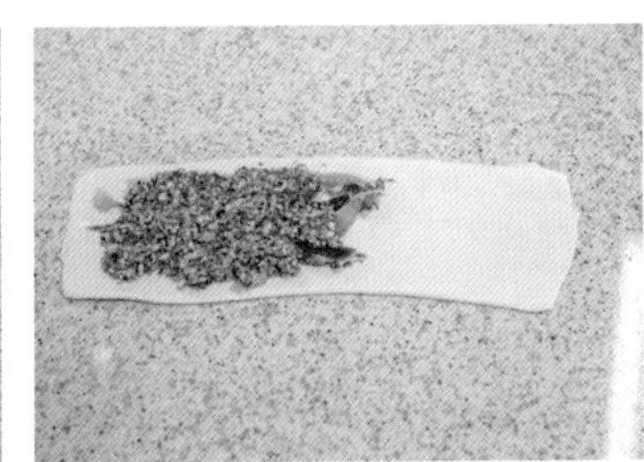

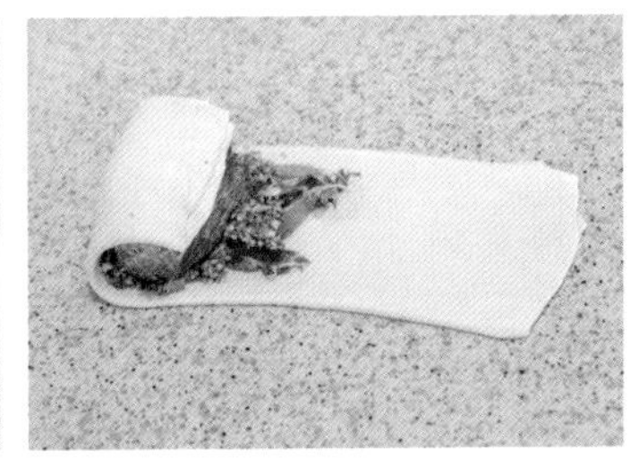

5 取起酥皮，将培根平铺在酥皮上，再铺上蘑菇馅，放上牛里脊肉，卷起。

6 烤箱提前预热至180℃，牛排入烤箱烤至皮酥脆，大约要8～10分钟。

7 取出牛排静置2～3分钟，切开，配上红酒汁（配方外）即可食用。

# 香煎牛仔骨

◎**牛仔骨原料**

牛仔骨 2 片，胡椒粉、盐适量，大蒜末 10 克，迷迭香 1 根；

⬇

橄榄油少许；

⬇

黄油少许。

◎**配菜原料**

西兰花 30 克，荷兰豆 30 克，

洋葱末 2 克，土豆 1 个；

⬇

培根末 5 克，香葱碎 2 克，盐、胡椒粉少许；

小番茄 30 克；盐、胡椒粉适量，橄榄油少许；

芝麻菜少许，黑椒汁适量。

◎**做法**

1 牛仔骨用胡椒粉、盐、大蒜末、迷迭香碎腌制 30 分钟；淋上橄榄油。

2 取煎锅烧至高温，放入黄油，将牛仔骨正反两面各煎 10 秒钟，静置 2 分钟。

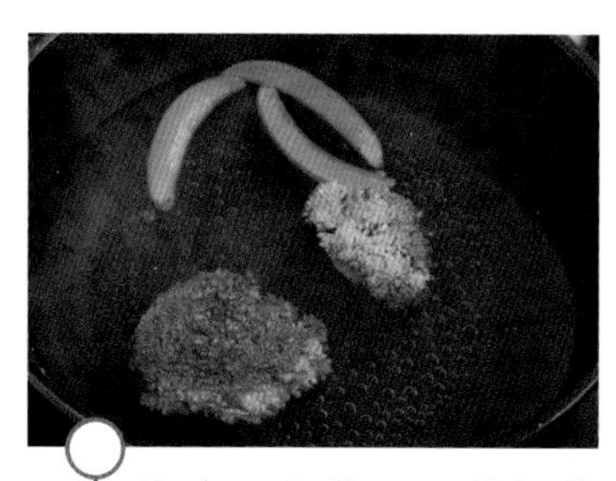

3 将洗干净的西兰花与荷兰豆用沸水烫 10 秒后取出，过冰水后沥干备用。

4 锅中倒少许油加热，加入洋葱末炒香，改小火；将土豆削皮，稍冲洗，对着锅用刨丝器将土豆刨成丝入锅。

5 入锅后，先将丝聚到一起再压平，撒上培根末、香葱末、盐、胡椒粉，上色后翻面煎熟备用。

6 小番茄撒上盐和胡椒粉，煎至脱皮，拌入橄榄油备用。

7 摆盘：取芝麻菜、步骤 5 的土豆丝摆好，放上牛仔骨，再组合上前面做好的绿、红色配菜，配黑椒汁食用。

# 香煎酿馅鸡腿肉

**◎鸡腿肉原料**

鸡边腿 1 个；

⬇

百里香 2 根，白洋葱 10 克；

菠菜叶 70 克，黄油 10 克，大蒜蓉 5 克，盐、黑胡椒粉少量；

⬇

【鸡边腿】；

⬇

橄榄油适量。

**◎薯泥原料**

紫薯 1 个；

⬇

黄油少许，牛奶 50 毫升；

⬇

盐、黑胡椒粉少量，淡奶油少许。

**◎奶油葱香汁原料**

橄榄油少许，大葱 1 根；

⬇

淡奶油 200 克，黑胡椒粉和盐适量，欧芹碎 1 克。

### ◎鸡腿肉做法和摆盘

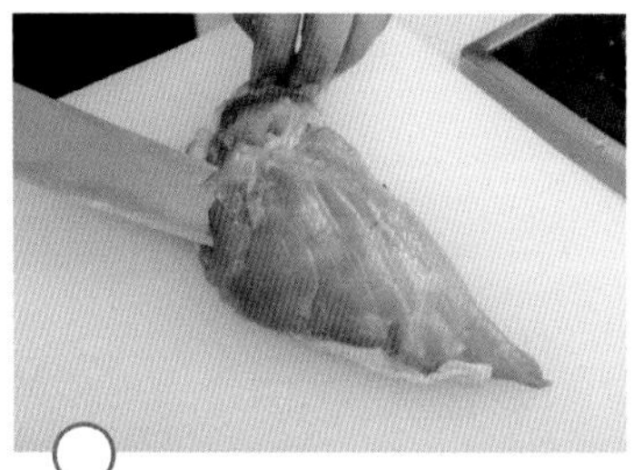

1 鸡腿肉沿着腿骨划开，剔除三分之二的腿骨；加入洋葱、百里香腌制30分钟，备用。

2 菠菜叶子洗净，沥干水分。用黄油热锅，爆香蒜蓉，加入菠菜叶炒熟，用盐和胡椒粉调味。

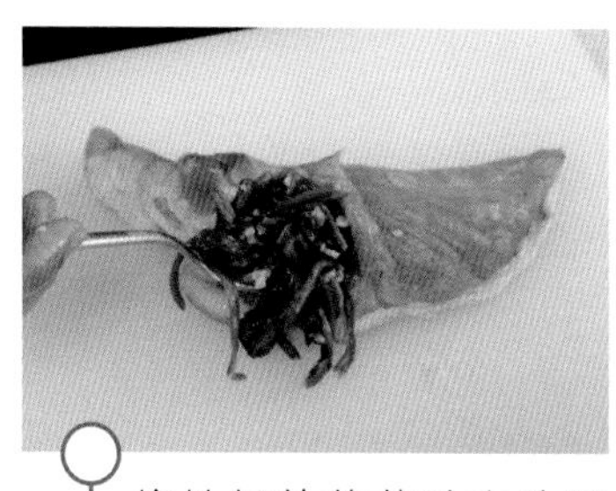

3 将炒好的菠菜放在片开的鸡腿肉上，卷紧，插入牙签固定。

4 用橄榄油把鸡腿肉煎至表面金黄，入已预热至200℃的烤箱烤5～8分钟后取出。

5 将鸡腿切厚片摆盘，附上紫薯泥，配奶油香葱汁。

### ◎薯泥做法

1 紫薯用烤箱烤至熟透，去皮压碎，过筛成泥。

2 锅中入黄油和牛奶小煮，再放入薯泥加热，搅拌均匀，关火。

3 用盐和胡椒粉调味，加入少许淡奶油，拌匀。

### ◎奶油葱香汁做法

1 锅中热少许橄榄油，大火加热，把20克大葱切碎加入锅中爆香。

2 加入淡奶油拌匀，用黑胡椒粉和盐调味，拌入1克欧芹碎即可。

# 香扒澳洲西冷

◎**牛排原料**

西冷牛排（1.5 ~ 2 厘米厚度）1 块；

↓

橄榄油适量，黑胡椒碎、盐少许，小干葱（切碎）1 个，鲜百里香 2 条，大蒜（切碎）1 瓣。

◎**配菜原料**

手指胡萝卜 2 条，孢子甘蓝 3 个，黄油、黑胡椒粉、盐适量；

串番茄 6 个，黑胡椒、盐少许。

◎**黑椒酱原料**

黄油适量，小干葱（切碎）20 克，大蒜片（切碎）10 克；

↓

红酒 30 毫升，白兰地 20 毫升；

↓

黑胡椒碎 5 克；

↓

布朗汁 100 毫升；

↓

淡奶油、盐少许。

◎**牛排做法**

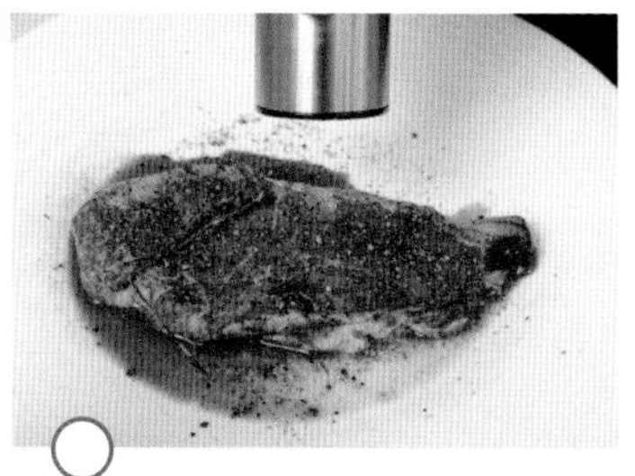

1 牛肉用橄榄油、黑胡椒碎、盐、小干葱碎、鲜百里香、蒜碎腌制 2 小时。

2 将条纹锅烧热，牛肉抹去表面的腌制料草，放入锅中，先将一面煎 1 分钟形成条纹，后迅速翻面，两面皆煎出条纹状。

3 将牛排放入烤箱微烤 3 ~ 5 分钟至五成熟即可，与配菜、酱汁上桌。

◎**配菜做法**

1 将各蔬菜洗净，其中手指胡萝卜削皮，甘蓝一分为二，把这些材料过沸水，而后用黄油、黑胡椒碎、盐煸炒调味，备用。

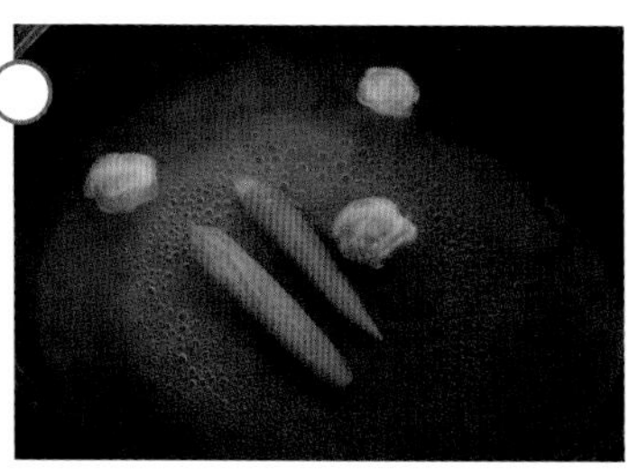

2 串番茄用 180℃恒温油炸 30 秒至表面脱皮，用黑胡椒、盐调味，备用。

◎**黑椒酱做法**

1 沙司锅中热黄油，而后爆香小干葱和大蒜片。

2 加入红酒，用小火熬至收汁一半，再加入白兰地挥发。

3 加入黑胡椒碎。

4 加入布朗汁，煮至浓稠，出锅过滤。

5 拌入淡奶油和盐即可。

# 泰式红咖喱烩蟹

◎**原料**

红洋葱块 50 克，香茅 2 根，南姜 4 片，鲜柠檬叶 3 片，美人椒 6 个；

↓

红咖喱 50 克；

↓

鱼露少许，糖、盐少许；

花蟹 2 只；

↓

面粉适量；

↓

【红咖喱汁】，三花淡奶适量。

◎**做法**

1 锅中热油，炒香红洋葱块；加入香茅草段、南姜片、柠檬叶、美人椒，炒香炒软、出味。

2 加入红咖喱，小火炒散，加水，倒入搅拌机一起打碎，过筛回锅。

3 大火煮开后用小火收浓味道，再用鱼露、糖和盐调味，备用。

4 花蟹剥去壳，去掉蟹腮，蟹身砍段。

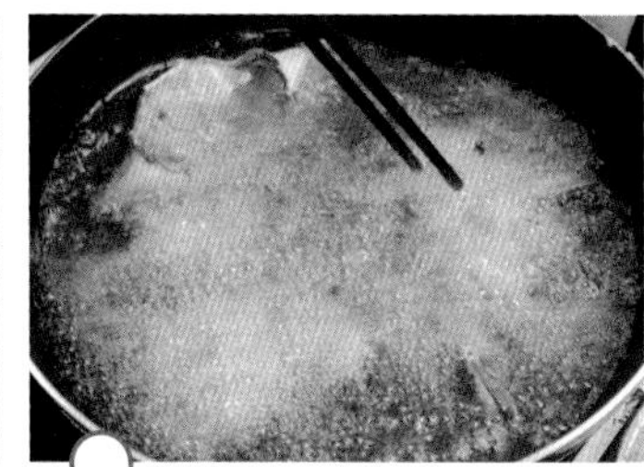

5 花蟹沾上面粉，用油炸至七成熟，捞出沥干油。

6 另起锅，花蟹沥干油后入锅，将步骤2煮好的红咖喱汁、三花淡奶加入，大火煮2分钟。

7 装盘，盖上蟹壳。

# 越南咖喱鸡

**◎鸡块原料**

鸡肉 1000 克，黄咖喱粉 30 克，盐、黑胡椒粉适量；

**◎咖喱水原料**

水 500 毫升，咖喱膏 100 克，黄咖喱粉 30 克；

⬇

香茅 15 克，油 50 克，蒜片 10 克，南姜 10 克，指天椒 5 克，柠檬叶 2 片；

**◎块根类原料**

土豆 300 克，胡萝卜 300 克，黑胡椒粉少许；

【咖喱水】，水 1500 毫升，【块根类】；

⬇

【鸡块】，白洋葱 150 克，三花淡奶 100 克，椰浆 100 克。

◎**做法**

1 将鸡肉处理干净，用 30 克黄咖喱粉、适量盐、胡椒腌制 30 分钟。

2 热锅入油，下鸡块煎至表面金黄、溢出香味，待用。

3 取碗，用500毫升水溶解咖喱膏块，再加30克黄咖喱粉。

4 把香茅用油微炸至金黄，续入蒜片 10 克，南姜 10 克，指天椒 5 克，柠檬叶 2 片，香味溢出后加入咖喱水当中，待用。

5 将土豆、胡萝卜表皮微煎至金黄，出锅前撒入少许黑胡椒粉增香，待用。

6 另起锅，倒入步骤 4 的咖喱水，再加入 1500 毫升水，加入上一步的块根类，中火熬制 20 分钟。

7 下鸡块再熬制10分钟，加入白洋葱块，灭火焖 5 分钟，再加入适量三花淡奶、椰浆即可。

# 德州排骨

◎**排骨原料**

排骨1000克，水3000克，西芹80克，胡萝卜80克，白洋葱80克；

↓

美国烟熏水5克；

↓

黑胡椒3克，番茄沙司300克。

◎**酱汁原料**

HP牛排调味酱1瓶，烤肉酱1瓶，番茄沙司150克，红酒50克，黄油25克，李派林喼汁少许，杰克丹尼酒25克，屋仔糖浆少许，蜂蜜15克，食用香精少许。

◎**做法**

1 将排骨洗净入锅，用水以及西餐三宝（西芹、胡萝卜、白洋葱）慢火炖至快骨肉分离的状态。

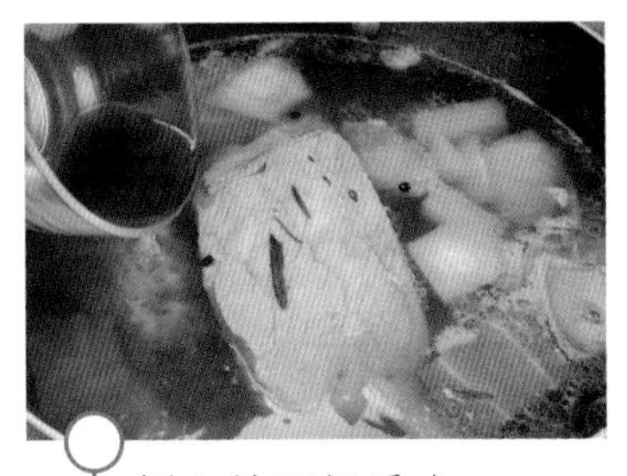

2 倒入美国烟熏水。

3 加入黑胡椒、番茄沙司，熬至排骨入味。

4 另取锅，将所有酱汁原料混合。

5 将步骤3的排骨捞出，放入酱汁锅中，入180℃的烤箱烤20分钟。

6 捞出排骨摆盘。

# 奥尔良烤鸡

◎**原料**

西芹 150 克，胡萝卜 150 克，白洋葱 150 克；

↓

新奥尔良粉 200 克，红酒 50 克，蜂蜜 10 克，黑胡椒粉 10 克；

↓

整鸡 1 只。

◎**做法**

1 将整鸡洗净待用，西芹、胡萝卜、白洋葱洗净切丝。

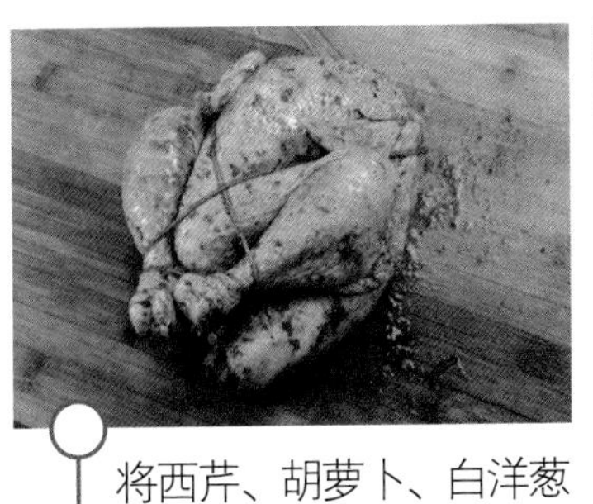

2 将西芹、胡萝卜、白洋葱丝放入盘中，拧出水分；加入奥尔良粉、红酒、蜂蜜、黑胡椒混合；将混合好的奥尔良腌制材料抹到整个鸡身，揉10分钟让鸡身充分吸收酱料后，将鸡密封腌制2小时。

3 放入预热至160℃的烤箱烤40分钟，再把温度调至180℃烤10分钟，取出，和配菜摆盘。

# 香煎金枪鱼

◎**原料**

小番茄 6 个，白洋葱 20 克，罗勒叶少许，鳀鱼柳 2 条，大蒜片 10 克；

⬇

橄榄油适量，红酒醋 8 毫升，胡椒粉少许；

冰鲜金枪鱼肉 150 克，白兰地 5 毫升；

⬇

黑胡椒粉适量；

⬇

橄榄油少许；

青豆 30 克，盐少许；

坚果 10 克，西班牙火腿 30 克。

◎**做法**

1 小番茄切月牙形，一分为六。洋葱切碎，罗勒叶切丝，鳀鱼柳切成末，大蒜片切末。

2 把以上材料加入橄榄油拌匀，加入红酒醋、胡椒粉调味，冷藏 20 分钟制作成鳀鱼莎莎。

3 金枪鱼用白兰地腌制 10 分钟。取出金枪鱼，将其四边均匀沾上黑胡椒粉。

4 锅中加入橄榄油，用中火将金枪鱼肉四边各煎 30 秒。

5 青豆用盐水煮熟，捞出，剥去外皮，入搅拌机打碎成泥，拌入少许盐调味。

6 盘中抹上青豆泥，将金枪鱼肉斜切一分为二摆入，撒上坚果碎和火腿碎，配上鳀鱼莎莎。

# 西班牙红花烩海鲜

◎**原料**

海虾 5 头，青口 3 个，蛤蜊 5 个，比目鱼 3 片，鱿鱼 1 条；

⬇

白葡萄酒适量，白胡椒、盐少许；

植物油适量，2 个小干葱切成丝，蒜碎 20 克；

⬇

【海鲜】，白葡萄酒适量；

⬇

番茄汁适量，西班牙藏红花 1 克；

⬇

黄油适量，海盐适量，白胡椒粉少许。

◎**做法**

1 先把海鲜洗净，用白葡萄酒、白胡椒、盐腌制3～5分钟。

2 热锅入油，加入干葱丝、蒜碎煸香。

3 后加入海鲜爆炒出香味，倒入适量白葡萄酒。

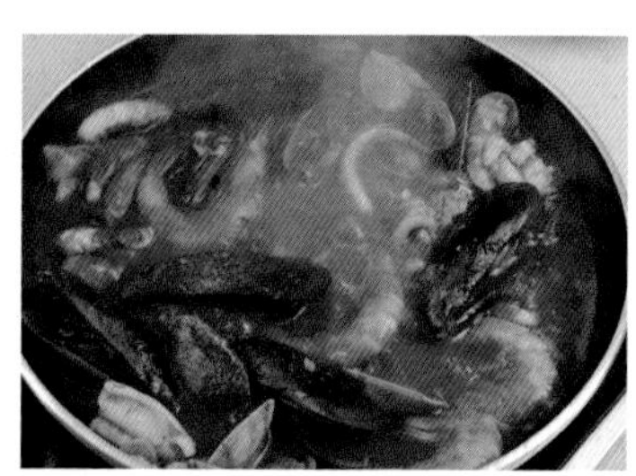

4 再加入番茄汁、藏红花，中火烩3～5分钟。

5 放入黄油、盐、胡椒粉，翻炒调味。

# 法式焗蜗牛

◎**原料**

小干葱 30 克，百里香 4 根，白兰地 10 毫升，西芹 30 克，胡萝卜 20 克，白洋葱 60 克，大蒜头 5 个；

⬇

白玉蜗牛 6 个；

⬇

盐适量，苏打粉适量；

黄油 100 克，小干葱碎 10 克，大蒜碎 5 克，荷兰芹末少许，帕玛森奶酪粉 10 克，白胡椒粉 2 克，盐少许，李派林喼汁 2 克，白兰地 5 克；

⬇

【蜗牛壳】，【蜗牛肉】；

⬇

马苏里拉芝士碎 50 克。

◎**做法**

1 水锅中加入干葱头、百里香、白兰地、西芹、胡萝卜、洋葱和大蒜肉煮开；
将蜗牛加入煮 2 ~ 3 分钟，捞出过冰水浸泡。

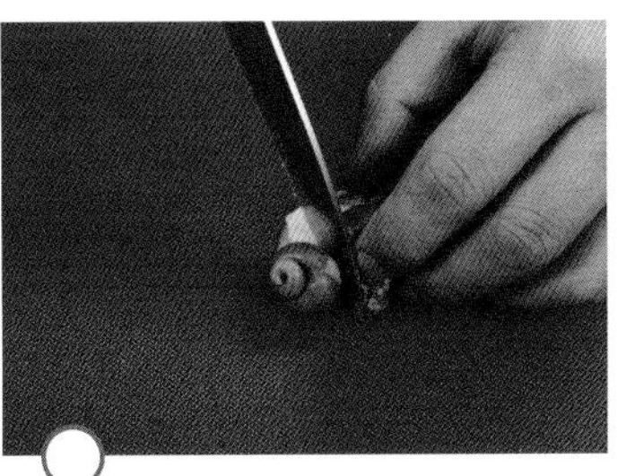

2 将蜗牛肉从壳中取出，去除泥肠，用少许盐和苏打粉将肉搓干净，去除黏液，冲洗干净，备用。

3 制作黄油酱：黄油室温融化，加入干葱碎、大蒜碎、荷兰芹末、奶酪粉、白胡椒粉、盐、李派林喼汁、白兰地拌匀，装入裱花袋，入冰箱冷藏成形。

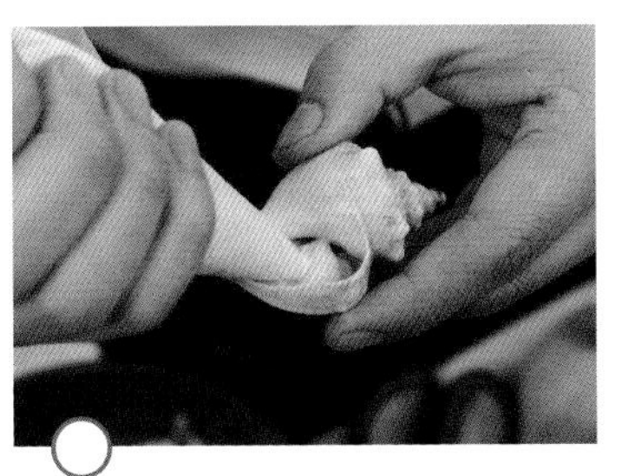

4 取一个蜗牛壳，将黄油酱在每个孔中挤入少许，在酱上摆上蜗牛肉，再在蜗牛肉上覆盖一层黄油酱。

5 撒上一些芝士碎；
烤箱预热至 230℃，将蜗牛盘放入，烤至芝士熔化上色即可。

6 用黄油酱固定摆盘。

◎**苹果沙拉原料**

水 60 克，藜麦 30 克；

↓

青苹果 1 个，香菜碎 3 克，柠檬汁 10 克，盐、橄榄油适量。

◎**南瓜酱原料**

南瓜半个，黄油和橄榄油 20 克，百里香 4 根，盐适量；

↓

盐、黄油少量，咖喱粉 3 克。

◎**澳带原料**

澳带 4 个，柠檬汁 10 克，盐、胡椒粉少许，百里香 2 根；

↓

橄榄油少许。

# 烤澳带佐藜麦苹果沙拉附南瓜酱

### ◎苹果沙拉做法

1 锅中入水烧沸，加入藜麦，边煮边搅拌，水烧至八成干，藜麦露白芽，关火，盖上锅盖，焖 5 ~ 6 分钟即可。

2 苹果切碎丁，拌入煮熟的藜麦，加入香菜碎，挤入 10 克柠檬汁，橄榄油和盐，即成藜麦苹果沙拉。

### ◎南瓜酱做法

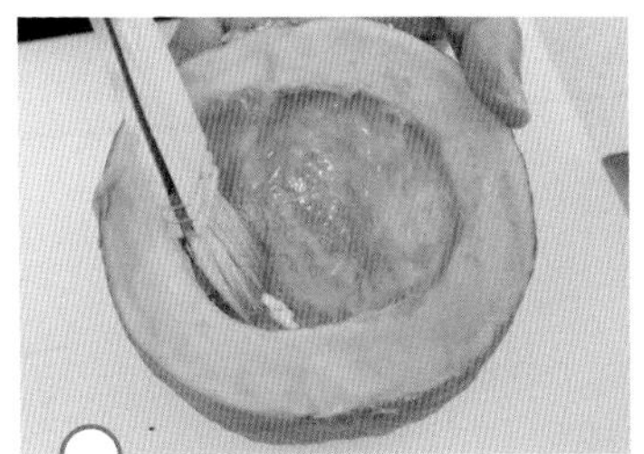

1 烤箱预热至 180℃，南瓜去籽，带皮切大块，刷上一层橄榄油，一层黄油，撒上百里香碎和盐，入烤箱烤至软烂。

2 取出南瓜，刮泥，加入盐、黄油、咖喱粉，一起入搅拌机打融合。

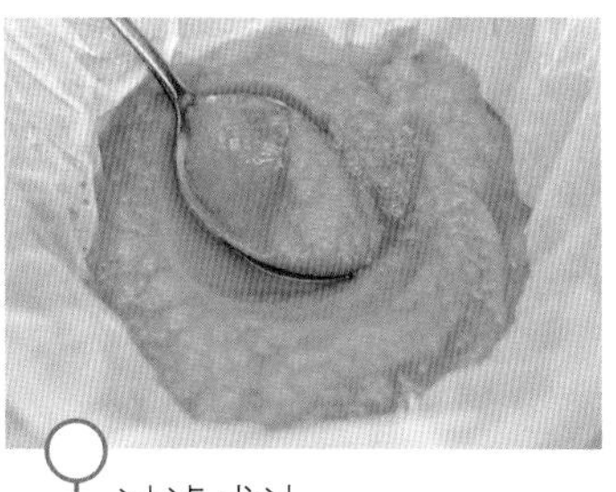

3 过滤成汁。

### ◎澳带做法和摆盘

1 澳带贝一面划上网状的浅刀口，用 10 克柠檬汁、盐、胡椒粉和百里香腌制 30 ~ 40 分钟。

2 烤箱预热至 170℃。煎锅热少许橄榄油，将腌制好的澳带贝煎至两面上色，取出入烤箱烤 2 ~ 3 分钟即可。

3 热菜盘涂上南瓜酱，倒入藜麦苹果沙拉，摆上澳带贝，稍微装饰即可。

# 香煎银鳕鱼

◎**鱼块原料**

银鳕鱼 180 克，白葡萄酒少许，白胡椒粉适量，盐适量；

⬇

橄榄油少许。

◎**配菜原料**

茴香头 25 克，红洋葱 25 克，圣女果 20 克，芝麻生菜 3 克，红酒醋少许，海盐少许。

◎**酱汁原料**

香橙 2 个，柠檬 1 个，蜂蜜 1 勺，五香粉少许。

◎做法

1 将鳕鱼表皮水分吸干，用白酒、胡椒粉、盐腌制 30 分钟待用。

2 热锅中倒入少许橄榄油，将腌制好的鳕鱼皮朝下煎至金黄上色，再将其余各侧煎至上色。

3 烤箱预热至 180℃，放入鳕鱼烤 5 ~ 8 分钟至熟即可。

4 制作配菜：把茴香头切丝，红洋葱切圈，圣女果对半切开，芝麻生菜放入盘中，加入少许红酒醋和适量海盐调味。

5 制作酱汁：将橙子、柠檬挤汁倒入锅中，加入蜂蜜熬制浓稠后加入少许五香粉调味，过滤待用。

6 装盘用稍微大一点的碟子，配菜放中间，再用鳕鱼压在配菜上，鱼皮朝上。将熬好的酱汁涂抹在鱼表面，再在周边滴出圆圈状即可。

◎**配酱原料**

黄油10克，干葱碎5克，红洋葱丝10克，鲜百里香2根；

↓

黑胡椒粉适量，蛇篙叶1克，红酒15毫升；

黄油90克；

蛋黄1个；

↓

【牛油清】，白酒醋10克；

↓

黑胡椒粉适量，海盐适量，帕马森芝士粉3克，蒜蓉5克，【蛇篙洋葱酱】。

◎**虾块原料**

大明虾2只，白葡萄酒适量，白胡椒粉少许，海盐少许；

↓

橄榄油适量。

◎**配菜原料**

芦笋5根；

↓

黄油适量；

↓

白胡椒粉少许，海盐少许，白葡萄酒少许。

# 班尼斯大虾

◎**配酱做法**

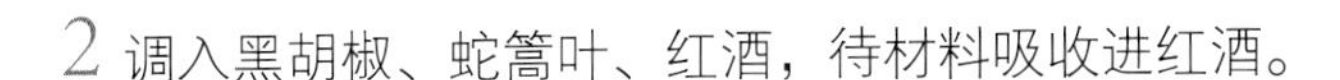

1 热锅放入少许黄油、干葱碎、红洋葱丝、鲜百里香，炒干出香味。

2 调入黑胡椒、蛇篙叶、红酒，待材料吸收进红酒。

3 制作牛油清：将 90 克黄油放入锅中，以最小火熬至油与蛋白质分离，取出清油待用。

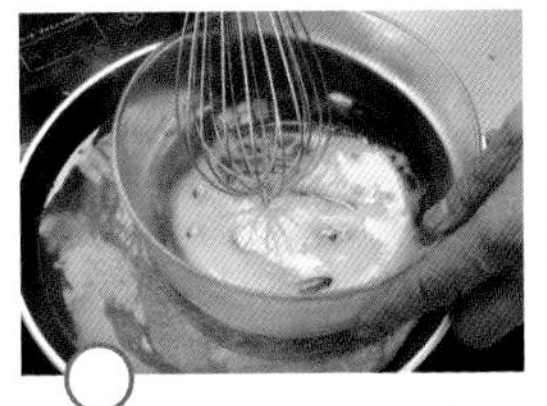

4 取碗倒入蛋黄，隔水打发。

5 向蛋黄徐徐加入牛油清与白酒醋，分 3 ~ 4 次加，打至凝固，制成班尼斯酱。

6 将班尼斯酱用黑胡椒、海盐、芝士粉、蒜蓉调味，再加入适量步骤 2 制成的蛇篙洋葱酱即成，上桌时附上。

◎**虾块做法**

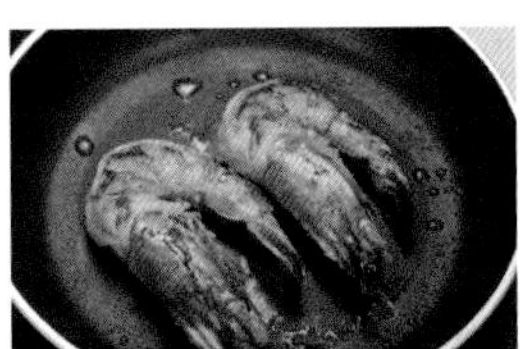

1 将大明虾对半切开，取出泥肠洗净，吸干水分后用白葡萄酒、白胡椒、海盐腌制 5 分钟。

2 热锅倒入橄榄油，将大明虾煎至两面熟透后取出待用。

◎**配菜做法**

1 芦笋去皮，用沸水过熟冷却。

2 锅中倒入黄油，放入芦笋煸炒。

3 芦笋用白胡椒、海盐、白葡萄酒调味，即可与虾块装盘。

◎**三文鱼原料**

三文鱼 180 克，白酒适量，盐少许，莳萝草 1 克，白胡椒粒 12 粒；

⬇

橄榄油适量。

◎**奶油菠菜汁原料**

菠菜 50 克；

黄油适量，红洋葱 10 克，大蒜片 5 克，三文鱼骨 20 克，白酒少量，水适量；

⬇

【菠菜叶】；

⬇

盐少量，胡椒粉少量，淡奶油 10 克。

◎**配菜原料**

青、黄节瓜各 2 片，红、黄彩椒各 1/4 颗，红洋葱 5 克，盐、胡椒粉少量，橄榄油适量；

小番茄 1 颗，橄榄油少量；

柠檬半个。

# 波尔多香煎三文鱼

◎**三文鱼做法**

1 三文鱼肉用白酒、盐、莳萝草和白胡椒粒（磨碎）腌制 10 分钟。

2 用橄榄油煎至皮部金黄上色，再将其余各面煎上色即可。

◎**奶油菠菜汁做法**

1 菠菜取叶洗净，用沸水烫软捞出沥干水分备用。

2 锅中放少许黄油炒香洋葱块和大蒜片，加入鱼骨炒出味道，喷点白葡萄酒让其挥发，加入热水烧开。

3 加入菠菜叶，小火煮 5 分钟，关火，捞出用搅拌机将其打碎，过滤后汁水回锅大火收浓。

4 关火，用盐、胡椒粉、适量淡奶油调味即可。

◎**配菜做法和摆盘**

1 节瓜、彩椒、红洋葱切长条形，入锅撒点盐和胡椒粉翻熟，取出拌上橄榄油；

2 小番茄煎至脱皮，拌上橄榄油。

3 用菠菜汁涂绘盘面，摆入主菜和配菜，将柠檬挤汁到三文鱼上，附菠菜汁上桌。

# 香煎海鲈鱼

◎**海鲈鱼原料**

美国海鲈鱼 200 克，白兰地 20 毫升，白胡椒碎 5 克，柠檬汁 10 克，海盐少许；

↓

橄榄油少许，白芝麻少许。

◎**配菜原料**

青、黄节瓜各 2 片，彩椒 30 克，盐、胡椒粉少许，橄榄油适量；芦笋 3 根，手指胡萝卜 1 根。

◎**黄油柠檬汁原料**

淡奶油 200 克，黄油 80 克；

↓

柠檬汁 10 克；

↓

莳萝草碎少许，白酒醋、白胡椒粉、盐少许。

## ◎海鲈鱼做法和摆盘

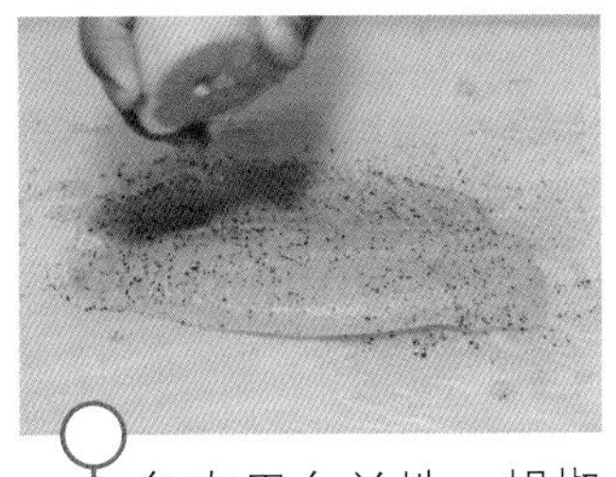

1 鱼肉用白兰地、胡椒碎、柠檬汁、海盐腌制。

2 煎锅加热，倒入橄榄油，鱼肉沾上白芝麻，煎至两面上色。

4 将鱼肉盖上锡纸静置1分钟，与配菜摆盘，附上黄油柠檬汁。

3 包上锡纸，放入预热至180℃的烤箱烤5分钟后取出。

## ◎配菜做法

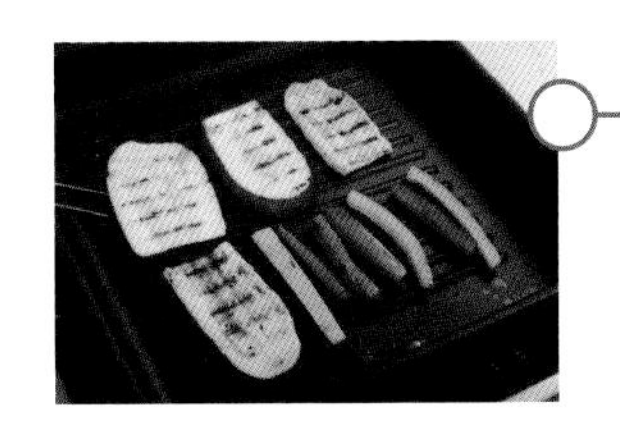

1 青、黄节瓜和彩椒用条纹锅扒熟，拌入盐、胡椒粉、橄榄油。

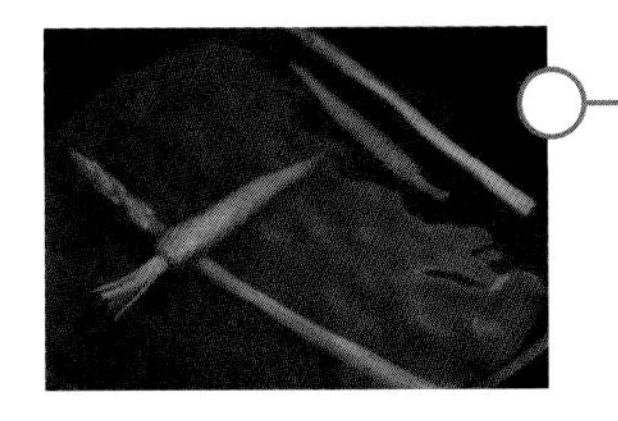

2 芦笋和手指胡萝卜削皮，用盐水烫熟。

## ◎黄油柠檬汁做法

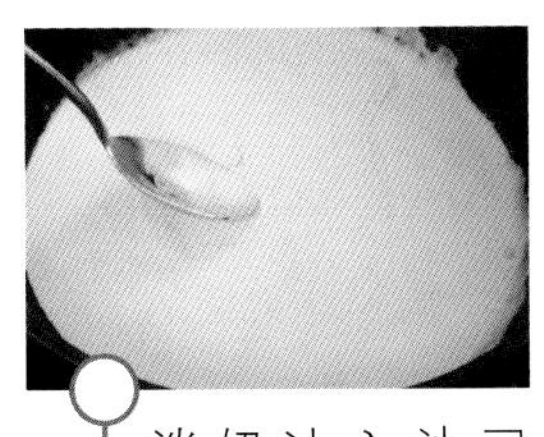

1 淡奶油入沙司锅，小火慢煮，分3～4次慢慢加入黄油。

2 加入柠檬汁，煮开关火。

3 泡入莳萝草碎，加入少许白酒醋、白胡椒粉、盐调味即可。

# 法式煎鹅肝

◎**主菜原料**

鹅肝 30 克，红酒 10 克，黑胡椒粉、盐适量，面粉少许；

⬇

橄榄油适量；

白糖 100 克，苹果块 10 克；

法棍面包斜薄片 1 片。

◎**罗勒酱**

搅拌机中加入罗勒叶 40 克，松子仁 30 克，洋葱 20 克，大蒜 10 克，薄荷叶 5 克，胡椒粉、盐少量，注入体积相当于以上各材料总和一半的橄榄油，启动开关，打碎融合即可。

◎**芒果酱**

锅中加热黄油 30 克，加入芒果肉 200 克，煮开后用少许盐和李派林喼汁调味即可。

◎整体做法

1

将鹅肝浸泡在红酒中，撒上盐和胡椒粉，腌至入味后，让鹅肝两边沾上薄薄的面粉。

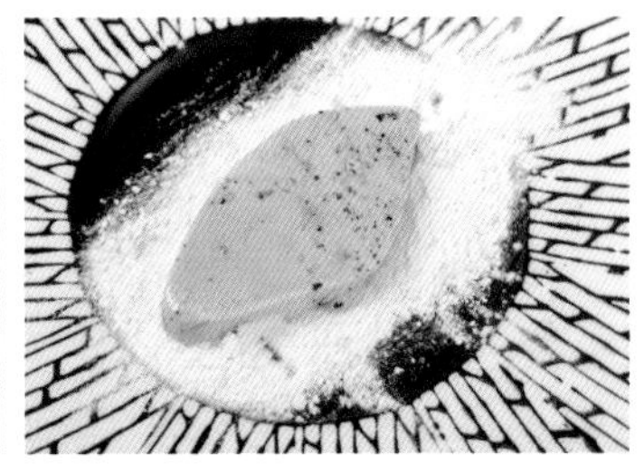

2

热锅中倒入橄榄油，下鹅肝用中火煎至两面金黄，出锅备用。

3

锅中高火，撒入白糖，勿搅拌；糖化开后放入苹果块，让苹果块裹上糖浆上色，翻身继续裹另一面，出锅入冷冻结块。

4

面包片涂上罗勒酱，入烤箱稍烤干。

5

将各食材摆盘，配芒果酱食用。

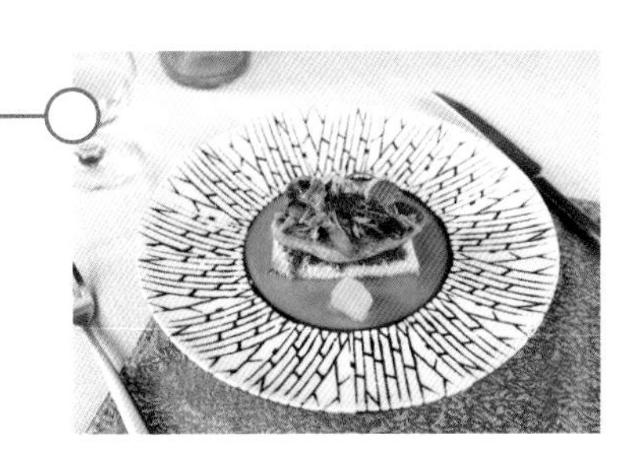

# 烟熏果木三文鱼

◎**原料**

三文鱼 500 克；

柠檬汁 10 克，金橘汁 15 克，白兰地 10 克，白葡萄酒 10 克；

红糖 300 克，莳萝草 50 克，海盐 180 克，小茴香叶子 20 克；

甜菜片 7 片；

香料木屑（烟熏机用材）适量。

◎**做法**

1 将三文鱼切取完整块放入玻璃碗中；倒入柠檬汁、金橘汁、白兰地、白葡萄酒浸泡；用红糖、莳萝草、海盐、小茴香叶子覆盖。

2 甜菜切片覆盖在最上面。

3 用保鲜膜密封碗，再翻开一个小口，伸进烟熏枪口。

4 用分子料理烟熏机打烟，而后再密封，腌制 12 小时。

5 切片摆盘，可搭配鱼子、生菜（配方外）。

## 法式布蕾

材料

回甘法国1/4片，热水50g、细砂糖50g、炼奶40g、淡奶油400g、蛋黄100g、香草精少许，帕马森奶酪20g

做法

1. 将热水、细砂糖煮成糖水，加入炼奶拌匀，待降温，再加淡奶油、蛋黄及香草精拌匀，即成酱汁。
2. 将面包横向切片，在切片表面倒入酱汁，洒上奶酪粉，以上火250℃ / 下火150℃烤约16分钟，洒上糖粉即可。

## 意式金三角

材料

欧香乳酪吐司2片，披萨酱20g、烟熏鸡肉40g、洋葱丝20g、红椒丝少许、青椒丝少许、沙拉酱20g、披萨丝30g，橄榄油少许、意大利香料少许

做法

1. 吐司斜对切成三角片，涂抹上披萨酱，再依序铺放烟熏鸡肉、洋葱丝及红椒、青椒丝，挤上沙拉酱、洒上披萨丝。
2. 以上火250℃ / 下火170℃烤约12分钟，取出刷上橄榄油，再洒上意大利香料即可。

## 潘朵拉蜜糖宝盒

材料

紫米彩豆吐司1/3个，奶油奶酪60g、芒果片适量、香草冰淇淋1球、草莓适量、枫糖浆20g、莓果粒20g、脆笛酥2支、杏仁片（烤过）、防潮糖粉少量。

做法

1. 将吐司以180℃烤约10分钟至外酥内软，待凉，涂抹奶油奶酪，放上芒果片，舀入冰淇淋球、草莓、淋上枫糖浆。
2. 最后放上莓果粒，放上脆笛酥，洒上杏仁片和糖粉即可。

## 番茄马苏里拉

材料

山葵明太子法国1份，综合生菜50g、牛番茄5片、马苏里拉奶酪片50g

做法

1. 将山葵明太子法国以180℃烤约8分钟至外脆内软，放凉。
2. 将面包横向切开，在切面上铺放生菜、牛番茄片，再摆放奶酪片，最后将面包合起即可。

## 烟熏牛肉沙拉三明治

材料

乡村法国1/3份，无盐黄油20g，综合生菜50g、洋葱丝10g、卡蒙贝尔（Camembert）奶酪片30g、黑胡椒牛肉60g、黑橄榄少许

做法

1. 乡村法国以180℃烤约8分钟，横剖，涂抹黄油。
2. 铺放生菜、洋葱丝和奶酪片、牛肉片，摆上黑橄榄，最后将面包合起。

## 熏鲑鱼三明治

材料

大地全麦吐司4片、烟熏鲑鱼4片、奶酪片2片、美生菜50g、沙拉酱30g

做法

1. 在2片全麦吐司表面分别涂沙拉酱，再铺放上烟熏鲑鱼片，再分别盖上另2片吐司。
2. 接着在【做法1】中的一份的中间铺放奶酪片、美生菜，再放上奶酪片，再将另一份叠上，然后对切成2份。

著作权合同登记号：图字 132018070
本著作中文简体版 ©2019 通过成都天鸢文化传播有限公司代理，经台湾膳书房文化事业有限公司授予福建科学技术出版社于中国大陆独家出版发行。
非经书面同意，不得以任何形式，任意重制转载。
本著作限于中国大陆地区发行。

图书在版编目（CIP）数据

欧式面包手作全书 / 游东运著 . —福州：福建科学技术出版社，2019.6（2020.7 重印）
ISBN 978-7-5335-5827-7

Ⅰ.① 欧… Ⅱ.① 游… Ⅲ.① 面包 - 烘焙 Ⅳ.① TS213.21

中国版本图书馆 CIP 数据核字（2019）第 045163 号

书　　名　欧式面包手作全书
著　　者　游东运
出版发行　福建科学技术出版社
社　　址　福州市东水路 76 号（邮编 350001）
网　　址　www.fjstp.com
经　　销　福建新华发行（集团）有限责任公司
印　　刷　福州德安彩色印刷有限公司
开　　本　787 毫米 ×1092 毫米　1/16
印　　张　13
图　　文　208 码
版　　次　2019 年 6 月第 1 版
印　　次　2020 年 7 月第 2 次印刷
书　　号　ISBN 978-7-5335-5827-7
定　　价　68.00 元

书中如有印装质量问题，可直接向本社调换